スマートメーターの何が問題か

網代太郎

緑風出版

目次

スマートメーターの何が問題か

はじめに

家庭などで使った電気を量る電気メーターが、二〇二〇年代前半までに、すべて「スマートメーター」に替えられようとしています。また、二〇一六年四月からの電力小売全面自由化で、一般家庭も電気を買う会社を選べるようになりましたが、電気を買う会社を変更する「スイッチング」を行うと、優先的にスマートメーターが設置されます。

今のところ日本では、市民の間でスマートメーターについて話題になることは、ほとんどないように思います。一方で、海外では、スマートメーターが生活を監視する道具になり得ることや、スマートメーターから発生する電波（電磁波）による健康影響の懸念から、消費者団体がスマートメーター全戸設置への反対運動を展開したり、新聞やテレビがスマートメーターの問題について報じたりしています。

市民が関心を持たないよう、日本では、スマートメーターへの交換がこっそりと進められているという印象です。

スマートメーターはどういうもので、なぜ必要なのか、市民の理解と納得を得ながら設置を進めようという姿勢が、国には見られません。電力事業を所管する経済産業省のウェブサイトに、スマートメーターについて一般消費者向けに説明するページは存在しません。なぜ全戸にスマートメーターが設置されようとしているのか、なぜ新電力との契約にスマートメーターが必要になるのか、国や電力会社がそれらの理由を説明することも、ほとんどありません。

新聞やテレビが、それらの理由を掘り下げて報道した記事や番組も、ほとんど見かけません。

スマートメーターが脚光を浴びたのは、電力小売全面自由化が始まる前後の時期に、「今当社と契約すれば、無料でスマートメーターに交換します」などといった詐欺が起きていることが報道されたときだけでしょう（メーター交換時に料金を請求されることはありません。スマートメーターの導入費用は電気料金に上乗せされています）。この詐欺にしても、国や電力会社が「スイッチングにはスマートメーターへの交換が必要」とぶっきらぼうに広報する代わりに、スマートメーターについてもっと丁寧に需要家（消費者）へ説明していたならば、それほど横行することはなかったのではないでしょうか。

従来型の機械式メーター（アナログメーター）への交換を求める需要家に対して、電力会社は「アナログメーターはもう製造されていません」「アナログメーターの在庫はありません」とウソの説明をするなど、とても「スマート」とは言えない手口で、お客さまである需要家にスマートメーターを押し付けようとしています。

また、スマートメーターについては、「電力自由化のために不可欠なツール」「再生エネルギーの大量導入のためにはスマートメーターが不可欠」というイメージが一定程度、浸透し、何となくそれらを信じている市民も多いようです。

反原発、脱原発の立場の方々の中にも「脱原発のためには再生エネルギー導入が必要。再生エネルギー導入のためにはスマートグリッドやスマートメーターが不可欠。だから脱原発のためにはスマートメーターが不可欠」と漠然と思っている方がいるようです。

しかし、電力自由化や再生エネルギー導入の中でスマートメーターが実際にはどういう役目を担っているのか、また担うことを期待されているのかを具体的に調べてみると、「不可欠」とは言えないか、または必要であっても全戸導入は不要であることが見えてきます。逆に、原発維持のためにこそ、スマートメーターが必要であると言えそうなのです。

スマートメーターは、電気を使っている、すべての人々に関係がある話です。すでにスマートメーターを設置されたご家庭もありますし、まだ設置されていなくても、黙っていれば、いつの間にかスマートメーターが設置されます。スマートメーターとは何かを知るところから始めませんか。本書がその一助になれば幸いです。

第一章　スマートメーターとは何か

スマートメーターとはどういうものなのか、また、国や電力会社が何を根拠としてスマートメーターの導入を進めているのかについて、まずは見ていきましょう。

電気メーターの種類

スマートメーターは、通信機能付きの電子式計量メーターです。他のタイプの電気メーターと比べてみましょう。

電気メーター（電力量計）は、三種類あります（表1―1）。

1　機械式（アナログ）メーター

私たちがこれまで一番よく目にしてきた、従来型の機械式メーターです。「誘導形電力量計」とも呼ばれます。電力をメーター内の円盤の回転力に変えて、その回転数により使った電力の積算量を記録します。一日を通して同じ単価の電気を買うときに使います。メーター一台の値段は、東京電力による報告例（表1―1）によると、新品五四〇〇円、中古二四〇〇円程度です。

表1―1　電気メーターの種類と機能

種類	イメージ	適用範囲	計測機能	その他機能	H23年度実績
機械式計器		・1日を通して同じ電気料金単価の契約に対して適用 ・代表的な契約 従量電灯契約	・電力量（正） 積算値を表示しているだけで保存はなし		・新品 平均単価：約 5,400円 購入台数：約 58万台 ・修理品 平均単価：約 2,400円 購入台数：約 234万台
電子式計器		・1日のうち複数の電気料金単価がある契約に対して適用 ・代表的な契約 電化上手 ピークシフトプラン	・時間帯別の電力量（正） 時間帯ごとの積算値を保存	・カレンダー機能 ・時計機能	・新品 平均単価：約 10,300円 購入台数：約 24万台 ・修理品 購入無し
スマートメーター		・電気料金単価に関係なく適用可能 ・代表的な契約 全ての低圧契約	・電力量（正） ・電力量（逆） ・電流値 ・電圧値 30分ごとの積算値を保存	・通信機能 ・開閉機能 ・アンペアブレーカ機能 ・緊急時負荷抑制機能 ・イベント記録 ・時計機能 ・無停電取替時の作業安全	・購入実績無し ・H25年度より導入予定

東京電力「スマートメーターの原価算入について」2012年6月12日より

2　電子式メーター

スマートメーターではない従来型の電子式メーターです。通信機能はありません。時計機能を内蔵していて、電気使用量を時間帯ごとに記録できます。昼間より単価が安い「深夜電力」などを買うときに使うメーターです。

メーター一台の値段は、同様に一万三〇〇円程度です。

3　スマートメーター

三〇分間ごとに電気使用量を記録するので、さまざまな料金メニューに対応します。また、太陽光発電設備などがある家庭では、従来型メーターの場合は電力会社から買った量を測るメーターと、電力会社へ売った量のメーターが、それぞれ必要でした。スマートメーターは一台で双方向の電力を測ることができます（ただし、初期に導入されたスマートメーターなどには双方向計量機能がないものがあります）。表1―1にはありませんが、メーター一台の値段は、東京電力による報告例によると「一台一万円を下回るレベル」とのことです[(1)]。

（1）東京電力「スマートメーター導入に向けた取り組み状況について」二〇一三年一一月二六日。

スマートメーターの表示の見方

スマートメーターには液晶画面が付いています（写真1―1）。双方向計量機能があるスマートメーターの液晶画面には、買った電気の量の積算値と、売った量の積算値が一〇秒ごとに交互に切り替わって表示されます（図1―1）。左向きの矢印が表示されているときの数値が売った量、表示されていないときの数値が買った量です。太陽光発電などの設備がない家庭であっても、売った量が表示されます。その場合、電気を売っていないのですから、売った量の数値はいつまでたっても同じ数値です。しかし、その数値はゼロではありません。メーターは家庭に設置される前に「検定」などの動作チェックを受けますが、その時にメーターに流された電気が記録されているからです。

電力会社から家庭へ電気が流れている時には、「順動作」の横にある●印が点滅します。従来型のアナログメーターでは、留守などで電気をあまり使っていない時は円盤がゆっくり回転し、電気をたくさん使っている時は速く回転するのを、皆さんも見たことがあると思います。スマートメーターでは、電気をあまり使っていない時は、●印がゆっくりと点滅し、たくさん使っている時には速く点滅します。

太陽光発電施設等を備えた家庭では、家庭で使っている電気よりも、発電した電気が多い時もあります。その場合、家庭から電力会社へ電気が流れます。この時、スマートメーターの「逆動作」の横にある●印が点滅します。

電気がどちらの方向へも流れていない時は、「順動作」の横の●印と「逆動作」の横の●印の両方が（点滅ではなく）点灯します。

なお、双方向計量機能がないスマートメーターについては、「順動作」と「逆動作」ではなく「動作」とのみ表記されています。

スマートメーターの機能

スマートメーターを設置して、比較的すぐに実現できる主な機能は以下の通りです。

(1) 各家庭等の電気使用量を三〇分ごとに電力会社等へ自動送信。

(2) 電力の供給開始・停止の遠隔操作。

(3) 家庭内に「ＨＥＭＳ（Home Energy Management System、家庭用エネルギー管理システム、ヘムス）」という装置を設置し、これとスマートメーターを接続した場合、消費者が電気使用量の推移などを即時に確認できる「見える化」機能。

　また、ＨＥＭＳに接続できる「スマート家電」が登場し始めており、ＨＥＭＳやスマートメーターを経由して、家の外から家電などを操作したり、家電の動作状態を確認できるようになる、とされています。さらにＨＥＭＳと電気自動車を接続できるようになり、電気自動車を蓄電池代わりに使えるようになる、とされています。

写真1－1　スマートメーター（東光東芝メーターシステムズ製）

図1－1　スマートメーターの表示

スマートメーターの「メリット」

スマートメーターのメリットとして国が説明しているのは、主に以下の通りです。

1　電力会社のコストカット

スマートメーターが電気使用量データを電力会社へ送信する自動検針により、検針員を大幅に削減できます。また、転居などで電力供給を開始したり停止する時に、作業員が現場へ行かずに遠隔操作で開始、停止ができます。

2　節電

家庭などに「ＨＥＭＳ」を設置した場合、モニターに電気使用量データなどがリアルタイムで表示される「見える化」（図１―２）により、節電意識を高めるとされています。

また、スマートメーターによって三〇分ごとに使用量データを取得できることから、真夏の昼間など電力需要がピークを迎え電力供給が逼迫する恐れがある時間帯の電気料金単価を特に高くする代わりに普段の電気料金を安くするなどの「きめ細かい」料金メニューの設定

図1—2　HEMS（Home Energy Management System）画面の例

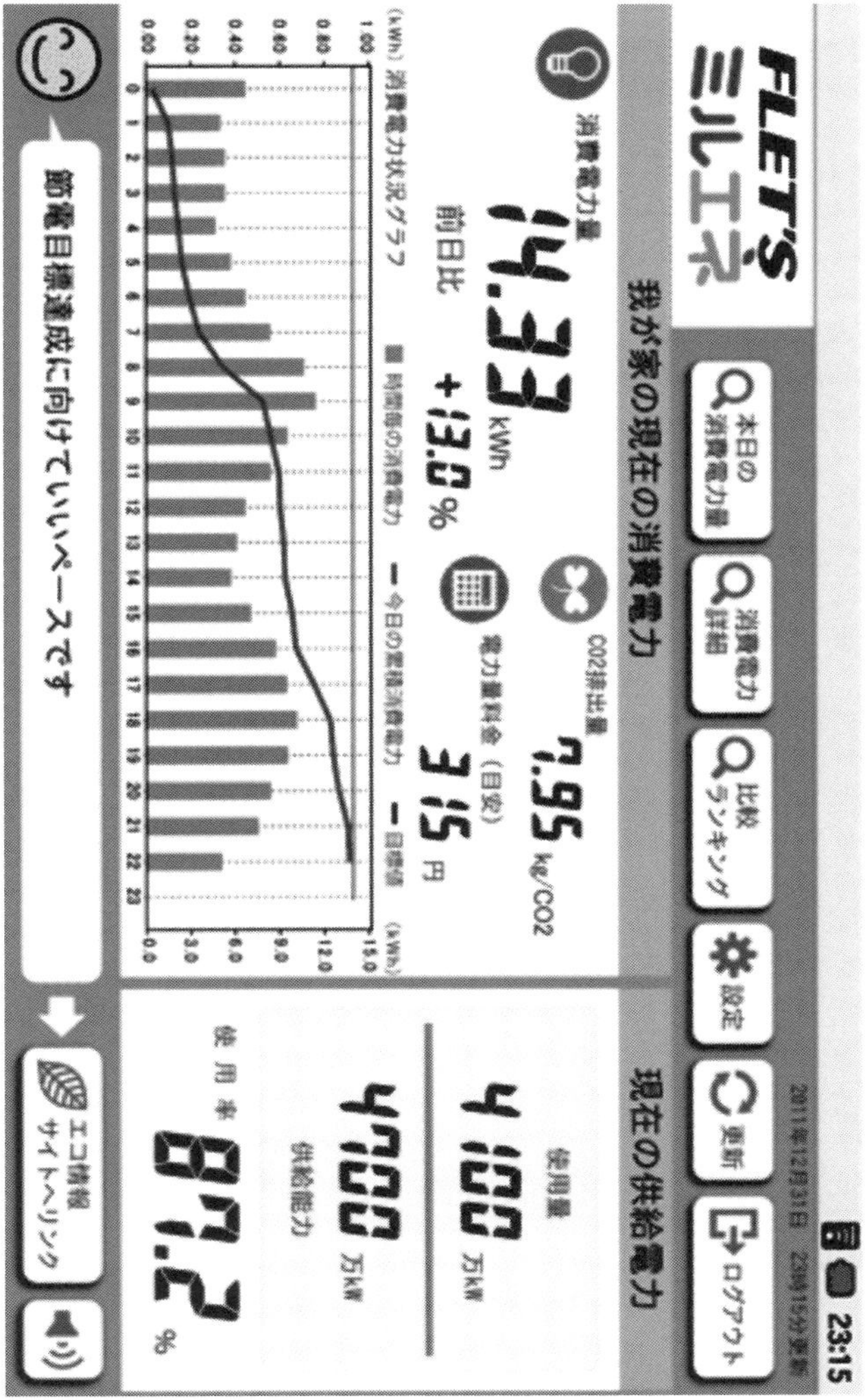

ＮＴＴ東日本 https://flets.com/eco/miruene/feature.html

ができるので、電力需要のピークカット効果が期待できるとされています。

経済産業省資源エネルギー庁によると、一般家庭における「見える化」による一日当たりの省エネ効果は一割程度と言われており、また、二〇〇九～二〇一一年度に行ったスマートメーター実証事業（関東約六〇〇世帯、関西約三〇〇世帯参加）の結果「見える化」に加えて「時間帯別料金」や「ピーク制料金」を導入したところ、電力需要がピークになる時間帯（一三～一六時）では「見える化」だけの場合と比較してさらに一割程度のピーク抑制効果が確認されたとしています。(1) なお、この実証実験における「時間帯別料金」とはピーク時間帯の料金を通常の二倍にする料金制度です。また、「ピーク制料金」とは最高気温が三三℃以上と予想される日のピーク時間帯の料金を通常の三倍にする料金制度で、前日の予想をもとに「明日はピーク制料金を適用します」と需要家（電気の消費者）へ事前通知されました。そうすると、家庭では節電に努めるというわけです。

将来的には、HEMSと「スマート家電」や電気自動車を接続することによる節電効果も経済産業省は想定しています。(2) 真夏の日中など電力供給が逼迫しそうになった時に「コントロールセンター」が信号を送信すると、スマートメーターとHEMSを経由して信号を受信した家庭内のエアコンが、あらかじめ設定していた条件に応じて自動で節電モードになったり停止したりできるようになるといいます。また、HEMSと接続して蓄電器代わりにして

図1－3　HEMSデータを利用した新ビジネス

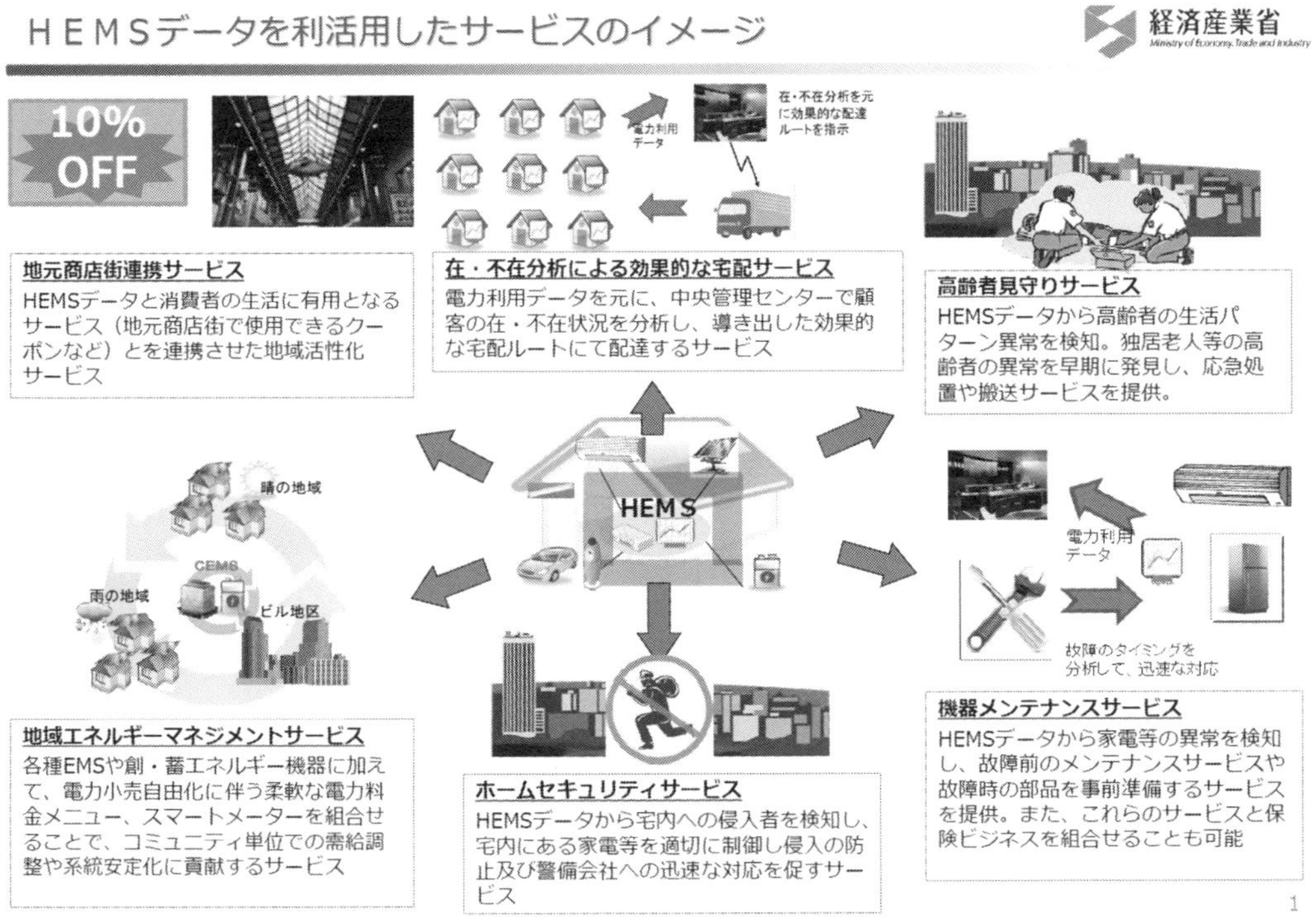
ＨＥＭＳデータを利活用したサービスのイメージ
経済産業省
Ministry of Economy, Trade and Industry
10% OFF
電力利用データ
在・不在分析を元に効果的な配達ルートを指示
地元商店街連携サービス
HEMSデータと消費者の生活に有用となるサービス（地元商店街で使用できるクーポンなど）とを連携させた地域活性化サービス
在・不在分析による効果的な宅配サービス
電力利用データを元に、中央管理センターで顧客の在・不在状況を分析し、導き出した効果的な宅配ルートにて配達するサービス
高齢者見守りサービス
HEMSデータから高齢者の生活パターン異常を検知。独居老人等の高齢者の異常を早期に発見し、応急処置や搬送サービスを提供。
晴の地域
CEMS
雨の地域
ビル地区
HEMS
電力利用データ
故障のタイミングを分析して、迅速な対応
地域エネルギーマネジメントサービス
各種EMSや創・蓄エネルギー機器に加えて、電力小売自由化に伴う柔軟な電力料金メニュー、スマートメーターを組合せることで、コミュニティ単位での需給調整や系統安定化に貢献するサービス
ホームセキュリティサービス
HEMSデータから宅内への侵入者を検知し、宅内にある家電等を適切に制御し侵入の防止及び警備会社への迅速な対応を促すサービス
機器メンテナンスサービス
HEMSデータから家電等の異常を検知し、故障前のメンテナンスサービスや故障時の部品を事前準備するサービスを提供。また、これらのサービスと保険ビジネスを組合せることも可能
1

経産省商務情報政策局情報経済課「ＨＥＭＳを通じて取得した電力利用データを利活用した新ビジネスの創出の検討について」2014年3月17日

いた電気自動車から電気を取り出して家庭で使うことにより、供給逼迫時の節電に協力できるようになるとのことです。

3 新しいビジネスの創出

スマートメーターやＨＥＭＳなどのスマートメーターシステムに関わる商品や技術を国内外で販売するだけでなく、電気使用量データを電力供給と関係がない第三者が取得、利用することによる新しいビジネスも、経済産業省は例示しています。スマートメーターから電力会社が取得する三〇分ごとの電気使用量データを利用するほか、スマートメーターからＨＥＭＳ経由で取得できる、さらに詳細なリアルタイムの使用量データの利用も想定されています（図１―３）。

たとえば「高齢者見守りサービス」。独居老人宅の電気使用量データを業者が取得して、起床時刻を過ぎたのに電気があまり使われないなど、普段と違うことが起きた時に、スタッフが様子を見に行く、というようなビジネスです。また、宅配便業者が電気使用量データを取得して、留守なら配達しない、在宅なら配達する、というサービスも示されています。

さらに、前述の通り、ＨＥＭＳと接続できるエアコンや冷蔵庫などの「スマート家電」が登場し始めています。ＨＥＭＳを通じて家電の異常を検知し故障前のメンテナンスサービスを行うビジネスも、経産省は例示しています。

（1）経済産業省資源エネルギー庁ガス・電力事業部「スマートメーターの最近の動向について」二〇一二年三月二一日。
（2）経済産業省「スマートグリッド・スマートコミュニティとは」http://www.meti.go.jp/policy/energy_environment/smart_community/about/fallback.html

スマートメーターによる節電への疑問

スマートメーターのメリットとされる節電について、効果はまだ不明だという指摘もあります。「見える化」については「日ごとにあまり変化が無く、三日で飽きてしまい、見なくなってしまうケースが大半[1]」とも言われます。また、「ピーク抑制・省エネの継続性評価のためには、数年以上の検証が必要[2]」で、二〜三年間の実証実験の結果からだけでは、需要家がピークカットに協力するモチベーションが中長期的に維持されるかどうか分かりません。

さらに、一般家庭でのピークカットを推奨すると、熱中症になる人が増えないか心配です。報道[3]によると、二〇一一〜一五年に東京二三区内で熱中症により死亡した人は三六五人で、三二八人が室内で発見されていました。三二八人の中でエアコンがあったのは一六〇人でしたが、あったのに一三八人が発見時にエアコンを使っていませんでした。

また、ピークカットに協力する需要家が有利になる料金メニューの普及が進んだ場合、協力したくない需要家や、協力したくても健康面などの理由で協力できない需要家の電気料金が相対的に高くなることなども懸念されます。

そもそも、ＨＥＭＳや「スマート家電」が消費者に受け入れられるのか、どの程度普及するのか分かりません。猛暑日の午後に外部からの指令で設定温度を下げさせるために、わざわざ対応するエアコンを買う人が、どれくらいいるでしょうか。

投資対効果を考えると、工場やオフィスビルなどの高圧需要家を含めて、消費電力の大きな需要家から順にスマートメーターなどの技術的支援をしてピークカットなどをさせれば良く、一〇〇％のスマートメーターを目指さなくても良いという指摘(4)もあります。

(1)「単なる〝見える化〟は商売にならず『Bルート』を活用した協業に商機」『日経コミュニケーション』二〇一五年九月。
(2) 向井登志広ら「スマートメータデータを活用した情報提供と行動変容―集合住宅におけるピーク抑制・省エネ実証事例―」電力中央研究所、二〇一五年九月。
(3) 黒田壮吉「熱中症で死亡、九割が屋内　エアコン、水分補給で予防を」朝日新聞デジタル、二〇一六年七月一日。
(4) インターテックリサーチ株式会社「デマンドレスポンス・プログラムの現状と展望―その二」二

図1−4　スマートメーターシステムの全体像

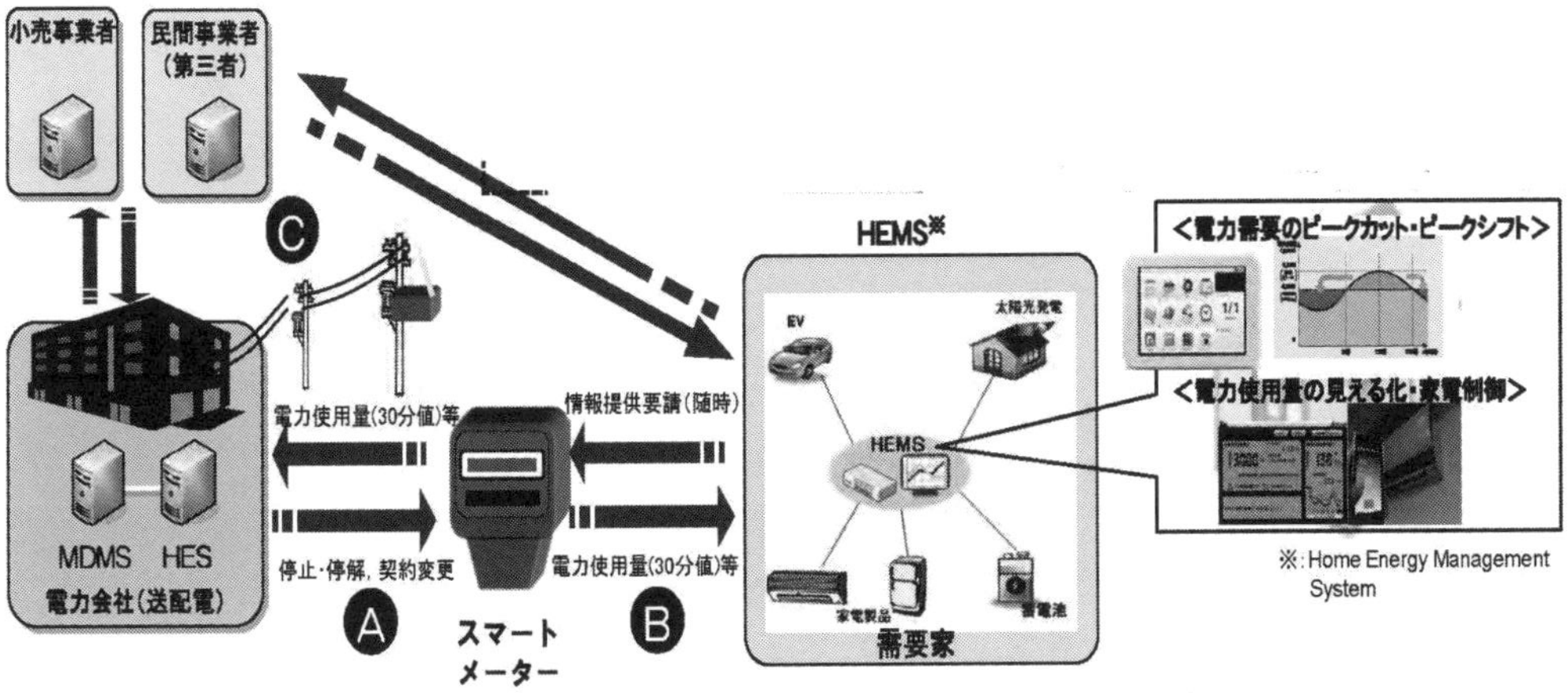

資源エネルギー庁電力・ガス事業部「スマートメーターの導入促進に伴う課題と対応について」2014 年 12 月 9 日（経産省「第 15 回スマートメーター制度検討会」配布資料）

〇二一年一〇月一〇日。

スマートメーターの通信網

スマートメーターからのデータを受信し、蓄積して利用するために、スマートメーターの通信網は、A、B、Cの三ルートから成り立っています（図1―4）。

Aルートは、スマートメーターと電力送配電会社との間の通信ルートです。国がすべての需要家にスマートメーターを事実上強制しようとしている現状では、Aルートはすべての需要家に関係があると言えます。

Bルートは、スマートメーターと家庭などの中との間の通信ルートで、これはHEMSを設置した需要家だけに関係があります。スマートメーターとHEMSの間の主な通信手段も、Aルートと同様、やはり電波です。

Cルートは、「電力送配電会社」と「電力小売会社や、電力事業と関係のない第三者の民間事業者」との間の通信ルート、及び「家庭など」と「電力小売会社や、電力事業と関係のない第三者の民間事業者」との間の通信ルートです。なぜ、電力事業と関係のない民間業者に電力使用量データを送るのかというと、前述の通り、このデータを利用して新たなビジネスを興すという国の目論見があるからです（電力事業と関係のない第三者との通信は、まだ始まっていません）。

スマートメーター情報の処理システム

Aルートを通じて集められた三〇分おきの電気使用量（kWh・キロワット時）データは、送配電事業者の「ヘッドエンドシステム（HES）」に送られます。HESのデータは、「メーターデータ管理システム（MDMS）」で、料金計算などに使える形に処理され、電力小売会社（電力会社の小売部門、および新電力小売会社）ごとに分けられます。そして、Cルートを通して、それぞれの電力小売会社の顧客分のデータを当該の会社へ渡します。三〇分ごとの電気使用量データは、電力小売会社へ六〇分以内に提供されます。つまり、各家庭などの午後一時現在のデータは、午後二時までに提供されることになります。

ただし、すべての家庭などのデータが六〇分以内に提供されるとは限りません。通信エラーが起こる場合もありますし、そもそも、携帯電話電波などが届かない場所にあって自動検針は無理という家もあります。その場合は、検針員が現地で検針します。検針員がハンディターミナルという携帯端末でスマートメーターと通信を行い、メーター内に蓄積されていた三〇分ごとの使用量を一カ月分まとめて取得します。スマートメーター設置台数に占める自動検針可能なスマートメーターの割合について、東京、中部、北陸、関西の各電力会社は全体の「九九％以上」を見込んでいますが、九州電力は「九五％以上」、北海道、東北、中国、四国、沖縄の各電力は「九〇％以上」としています。(1)

(1) 資源エネルギー庁電力・ガス事業部「スマートメーターの導入促進に伴う課題と対応（案）」二〇一四年三月一七日。

スマートグリッド

スマートメーターは「スマートグリッドを構成する重要な一要素(1)」であると経産省は位置づけています。「スマートグリッド」とは、直訳すると「賢い送電網」です。「電力の需給両面での変化に対応するために、ＩＴ技術を活用して効率的に需給バランスをとり、電力の安定供給を実現する次世代型の電力送配電網」がスマートグリッドであると経産省は説明しています。(2)

スマートグリッド発祥の地は、米国です。米国では送電インフラの整備の遅れが指摘され、二〇〇三年には約五〇〇〇万人が影響を受けたとされる北米北東部大停電が起こりました。

米国におけるスマートグリッドの目的は、落雷による断線などの異常をセンサーで検知して送電を迂回させることができるネットワークを構築して、停電時間を大幅に減少させることでした。

これに対して、日本の送電網は停電が少なく、米国のように送電網をスマートグリッド化する必要はないとも言われてきました。

一方で、地球温暖化問題がクローズアップされる中で、省エネ技術や再生可能エネルギー（再エネ）利用技術が日本の新たな経済成長の柱になるとの認識が、政府や業界に広がっていきました。そして、米国のような電力安定供給のためではなく、再エネ大量導入のためにスマートグリッドが必要だとも言われるようになりました。

その流れを受けて経済産業省は二〇〇九年一一月に「次世代エネルギー・社会システム協議会」を設置するなど、関連する研究会やワーキンググループなどを次々に立ち上げました。また、二〇一〇年四月には「官民一体となってスマートコミュニティを推進する」ための「スマートコミュニティ・アライアンス」（事務局・国立研究開発法人新エネルギー・産業技術総合開発機構（ＮＥＤＯ））が設立されました。電機メーカー、情報サービス業者、電気・ガス・水道業者、大学・研究機関など二七二企業・団体が会員となっています（二〇一六年六月七日現在）。

次世代エネルギー・社会システム協議会は二〇一〇年一月一九日に「中間とりまとめ」を公表しました（同日付の「中間とりまとめ案概要資料」のほうが端的でわかりやすいので、以下はそちらから引用します）。同資料は「日本型スマートグリッド」について「再生可能エネルギーが大量に導入されても安定供給を実現する強靱な電力ネットワークと地産地消モデルの相互補完」であると位置づけました。また、「再生エネルギーの導入の必要性」として、①エネルギー輸入の削減、②省エネ・新エネ技術を自動車、家電に次ぐ「輸出の柱」にする、③エネルギーセキュリティと環境の両立のみならず、経済成長にもつながる――と説明しています。

二〇一一年の福島第一原子力発電所事故を受けて、今日、再エネ導入が脚光を浴びていますが、国による再エネとスマートグリッドの推進方針は、同事故以前から始まっているのです。再エネは原子力発電に取って代わるものではなく、再エネと原発をともに推進することで温室効果ガス削減につなげるという位置づけでした。この位置づけは今日においても同じです。

現状で日本の再エネ発電量の大半を占める太陽光発電は、天候に左右されて発電量が変化する不安定な電源です。太陽光発電の導入を拡大すると、①電力需要の少ない時期に余剰電力が発生する、②天候変化に伴う太陽光発電施設の出力の急激な変動によって需給バランスが崩れ電力の安定供給に問題が生じる、③家庭などの太陽光発電施設で発電した電気を使い切れなかったときの逆潮流（電線をさかのぼって家の外に流れ出す）による配電系統の電圧上昇、④「単独運転」（落雷事故発生など太陽光発電施設からの通電を停止すべきなのに停止しないこと。感電や機器損傷などの恐れ）及び「不要解列」（単独運転防止装置の誤作動などにより太陽光発電施設からの通電を停止すべきでないのに停止されること。電力需給バランスが崩れる）――という、送電系統を不安定化させるような問題が起こり得ます。こうした問題に対応するためには、「日本型スマートグリッド」が必要だと経産省は説明しています。

（1）　経済産業省資源エネルギー庁「平成二二年度エネルギーに関する年次報告（エネルギー白書二〇一一）」二〇一一年一〇月。
（2）　経済産業省「次世代エネルギー・社会システム協議会について」二〇〇九年一一月。

スマートコミュニティー

前述の通り、「再生可能エネルギーが大量に導入されても安定供給を実現する強靭な電力ネットワークと地産地消モデルの相互補完」が日本型スマートグリッドだとされていますが、このうち「地産地消モデル」とはどういう意味でしょうか。「風力や太陽光などの再生可能エネルギーが、住宅、ビル、工場、使っていない土地などに大量導入され、自分たちで使うエネルギーを自分たちで作りだす[1]」ような電力需給のあり方が「地産地消」だと経産省はイメージしているようです。それらの住宅、ビルなどをスマートグリッドで結び、地域全体のエネルギーの供給と需要などを「コントロールセンター」が管理する街を、経産省は「スマートコミュニティ」と呼んでいます。

暑い夏の日など電力供給が逼迫したとき、コントロールセンターが信号を出し、各家庭のスマートメーターがその信号を受信すると、各家庭があらかじめ設定していた条件に基づいて自動的に冷房が省エネモードになるか停止する、また、自動的に電気自動車の蓄電池から電気を取り出して家庭で消費する——二〇三〇年に実現しているというスマートコミュニティの姿を、経産省はこのように描いています。

（1） 経済産業省「スマートグリッド・スマートコミュニティとは」http://www.meti.go.jp/policy/energy_environment/smart_community/about/fallback.html

「全ての需要家に導入」

前述の経産省「次世代エネルギー・社会システム協議会」が設置されてから約半年後の二

〇一〇年六月、菅直人内閣が閣議決定した「エネルギー基本計画」の中で、原則全ての需要家にスマートメーターを設置させる方針を、国は初めて示しました。

エネルギー基本計画は、「エネルギー政策基本法」に基づいて経済産業大臣がエネルギーの需給に関する基本的な計画を作成するもので、閣議決定を経て、国会に報告されます。同計画は少なくとも三年ごとに検討し、必要な場合は改定することとされています。

スマートメーターの原則全戸導入方針を示した二〇一〇年のエネルギー基本計画から、スマートグリッド、スマートメーターについて述べられた箇所の一部を、長くなりますが、以下に引用します。

「（前文）この度、さらなるエネルギーをめぐる情勢の変化や施策の進捗等を踏まえ、（エネルギー基本計画の）第二次改定を行うこととした。今次改定では以下の三点を重視している。（略）第三に、エネルギー・環境分野に対し、経済成長の牽引役としての役割が強く求められるようになったことである。

二〇〇八年のリーマンショックを契機に世界経済は歴史的な大不況に直面し、各国は産業構造・成長戦略の再構築を迫られている。多くの国が、エネルギー・環境関連の技術や製品の開発・普及により新たな市場や雇用を獲得することを国家戦略の基軸としつつある。原子力、スマートグリッド、省エネ技術などの分野では各国政府の積極的関与の下、世界規模での市場争奪戦が既に激烈なものとなっている。

我が国では、二〇〇九年一二月に閣議決定した新成長戦略（基本方針）においても、この分野の強みを活かして『環境・エネルギー大国』を目指すこととしている。今後、この分野への政策資源の集中投入が急務である」（二〜三頁）。

「スマートメーターの普及等による国民の『意識』改革やライフスタイルの転換といった国民運動を活発化し、二〇三〇年までに『暮らし』（家庭部門）のエネルギー消費に伴うCO_2半減を目指す」（三九頁）。

「エネルギー自給率の向上やCO_2の排出大幅削減のためには、エネルギー利用について の国民の『意識』改革やライフスタイルの転換を促す国民運動の展開と再生可能エネルギーの大量導入が不可欠である。

そのため、次世代のエネルギー利用のあり方として、ITを活用しつつ、需要家側の機器と、太陽光発電等の出力が不安定な分散型電源を含む電力設備を制御することで電力の需給をバランスさせ、安定的な電気の供給を維持する、『スマートグリッド』の整備を図る。（略）

この過程で、適切な経済的インセンティブとあわせて、需要家が自らのエネルギー需給情報を詳細に把握することで、需要家側機器の制御や、需要家の主体的な行動変化を促す。これにより、さらなる省エネの進展や社会的コストの最小化を目指していく。このため、スマートメーター及びこれと連携したエネルギーマネジメントシステム等の普及により、電力やガス等のエネルギーの別にとらわれず、需要家が最適なエネルギーサービスを選択できる環境を整備する。（略）

さらに、これら国内におけるスマートグリッド、スマートコミュニティへの移行を契機として、我が国の技術を強みとし、国際展開を図っていく。先進国には周辺機器やエネルギー関連機器を展開し、インフラ需要が旺盛なアジアを中心とした新興国には事業の全体を統括する主契約者として、スマートコミュニティシステム全体の受注、構築、運用を目指していく。（略）

スマートメーター及びこれと連携したエネルギーマネジメントシステムの開発及び整備、エネルギーの需給変動に対応して作動する等の機能を有する機器の開発及び普及促進、並びに関連する規格の標準化を推進する。また、費用対効果等を十分考慮しつつ、二〇二〇年代の可能な限り早い時期に、原則全ての需要家にスマートメーターの導入を目指す。

上記の機器・システムの開発及び整備に当たっては、需要家が自らの電気・ガス・水道等の需給情報を一元的に把握・管理することが可能となるよう留意する。これらを通じて、民生部門を始めとしたエネルギーの使用実態を的確に把握するとともに、省エネルギー、低炭

素エネルギーの活用に向けた国民の意識・ライフスタイルの改革を促し、国民的運動につなげる」（四八〜五〇頁。傍線は筆者）

以上をまとめると、国がスマートグリッド、スマートメーターを推進する理由は、①需要家が自らのエネルギー需給情報を詳細に把握すること（「見える化」のことを指していると思われます）などで省エネを進展させるとともに再エネを大量導入してエネルギー自給率向上と二酸化炭素排出削減を実現する、②スマートグリッドや関連の機器および技術を海外へ売り込み日本の経済成長を牽引する——の二点です。スマートグリッド、スマートメーターに積極的に関わっている多くの企業は、当然②を期待しています。

ただし、なぜスマートメーターを「全て」の需要家に導入するのか、このエネルギー基本計画にははっきりとした説明がありません。同計画が閣議決定される直前の二〇一〇年五月二六日に開かれた経産省の「第一回スマートメーター制度検討会」の場で、メンバーに同計画の案が示されました。メンバーから「この検討会では、スマートメーターを全ての需要家に導入するというエネルギー基本計画を前提に議論するのか」という趣旨の質問が出ました。これに対して、資源エネルギー庁電力・ガス事業部電力市場整備課長は「（全需要家への導入を目指すエネルギー基本計画が）前提であります。基本計画の、原則すべての需要家にスマー

表1—2　各電力会社のスマートメーター導入計画

	スマートメーター導入計画			スマートメーター設置済台数と全体に占める割合（2016年2月末時点）
	高圧	低圧 本格導入開始	低圧 導入完了予定	
北海道電力	2016年度末	2015年4月	2023年度末	26.4万台（7.1%）
東北電力	完了	2015年1月	2023年度末	58.6万台（8.8%）
東京電力	完了	2014年7月	2020年度末	439.0万台（16.3%）
中部電力	2016年度末	2015年7月	2022年度末	92.0万台（9.7%）
北陸電力	完了	2015年7月	2023年度末	11.6万台（6.4%）
関西電力	2016年度末	2012年度	2022年度末	535.0万台（41.2%）
中国電力	2016年度末	2016年4月	2023年度末	18.9万台（3.8%）
四国電力	2016年度末	2015年1月	2023年度末	12.5万台（4.7%）
九州電力	完了	2016年4月	2023年度末	143.9万台（17.8%）
沖縄電力	2016年度末	2016年4月	2024年度末	1.0万台（1.2%）

経済産業省資源エネルギー庁電力・ガス事業部「スマートメーターの導入促進に伴う課題と対応について」2014年12月9日、資源エネルギー庁「小売全面自由化に向けた事前準備の進捗状況」2016年3月30日、他。

トメーターの導入を目指すということなんですが、基本的にはすべての需要家を目指してやりましょうと。ただ、もちろんそこについてのいろいろな問題点とか論点があるので、そこはまさにここの検討会で個別に、例えば余りに費用対効果がとかそういう議論はあるかもしれないし、そういうことはきちんと議論します。ただ、政策の方向は、ここで申し上げているのは単に計量ということではないまさに国民の意識、ライフスタイルの改革とか、あるいはまさに省エネルギー、低炭素エネルギーとそういったまさに政策目的の観点からもこのスマートメーターというのは重要だと考えて、その普及を目指しましょうというのがここで決まったことだというふうに理解しておりますので、それを前提に、ただし現実的にはどうやっていけばいいのか、問題点はないのかと、そういうのをここで一つ一つ検討していくと、こういう機会だというふうに理解しています」と答弁しました。「国民の意識、ライフスタイル」を、政府の方針に沿う方向へ「改革」する、そのためのスマートメーター「全戸」導入が、政府の意図なのかもしれません。

もちろん、「全ての需要家への導入」は閣議決定であり立法措置ではありません。なので、自宅にアナログメーターではなくスマートメーターを電力会社に設置させねばならない法的義務が需要家に生じるものではありません。

エネルギー基本計画の中に「国民運動」「国民的運動」という言葉が繰り返し出てきます。仮に政府が言う通りスマートメーターが省エネ、二酸化炭素排出削減のために有効なツールであったとしても、「国民の意識、ライフスタイル」を国家の価値観にあわせて「改革」する「国民運動」の掛け声のもとに、法的義務のないすべての需要家に対してスマートメーターを事実上、問答無用で押しつけようとしている様子は、さながら全体主義国家のようです。

エネルギー基本計画はその後、第二次安倍晋三内閣により三度目の改定が閣議決定されました（二〇一四年四月）。このエネルギー基本計画においても「二〇二〇年代早期に、スマートメーターを全世帯・全事業所に導入する」（三六頁）と記され、全戸導入方針が引き継がれています。

これに先立つ二〇一三年六月には、第二次安倍内閣が掲げる成長戦略である「日本再興戦略」が閣議決定されましたが、ここでも、「日本が国際的に強み」を持ち、「グローバル市場の成長が期待」でき、「一定の戦略分野が見込めるテーマ」の一つである「クリーンかつ経済的なエネルギー需給の実現」へ向けた取り組みの一環として、「二〇二〇年代早期に全世帯・全工場にスマートメーターを導入する」（七四頁）ことが盛り込まれました。

こうした政府の方針のもと、各電力会社はスマートメーターの設置を進めています。高圧の電気を供給している工場などへのスマートメーター設置は、ほぼ完了しています。低圧の一般家庭や中小事業所などへの設置は、国内では関西電力が先行しています（表1―2）。各電力会社とも、二〇二〇～二四年度までに家庭などを含めすべての需要家へのスマートメーター設置を完了するとの目標を掲げています。

再エネ導入にスマートメーターは不可欠か

再生可能エネルギーの大量導入のためにはスマートグリッドが必要であり、スマートメーターはスマートグリッドを構成する重要な一要素であると、政府は述べています。そして三段論法的に「（ゆえに）再エネ大量導入のためにはスマートメーターが不可欠」という文言も、しばしば登場します。[1] しかし、本当に「不可欠」なのでしょうか。

「スマートグリッド」の項で見た通り、太陽光発電を大量導入すると、送配電系統不安定化の恐れがあります。この問題へ経産省はどう対応しようとしているのか、すなわち、経産省が今後、実現を目指している「スマートグリッド」の中で、その主たる目的である太陽光発電対策の中身は具体的にどうなっているのかを知るために、経産省資源エネルギー庁の関係文書を読みました。すると、電力需要が少ない時期の余剰電力対策に、スマートメーターが関係していました。資源エネルギー庁は余剰電力対策として、蓄電池の設置、揚水発電の新増設などを挙げています。[2] そのほかに家庭の太陽光発電施設からの出力抑制、電気自動車を蓄電池にすることなどを検討しており、これらについてスマートメーターの通信機能を利用する可能性を示しています。

資源エネルギー庁の二〇一一年の報告書[3]は、スマートメーターの導入段階ごとに、スマートメーターの双方向通信が目指す機能を示しました。そのうち、スマートメーターが目指す送配電系統安定化機能は、以下の通りとなっています。

1　当面（今後一〇年程度）

スマートメーター導入段階では、その双方向通信機能によって遠隔検針、電力供給開始・停止の遠隔操作、需要家への電力使用情報提供などを行う一方で、「スマートメーターの通信ネットワークを活用した系統安定化対策は当面必要ない」と報告書は述べています。

2　スマートメーター導入後

スマートメーターが導入された後、「（スマートメーターの）双方向通信を活用したＰＣＳのカレンダー情報の書換えについても、機器の開発や実証試験等を踏まえ検討を行っていくことが適当である」と報告書は述べています。

ＰＣＳとは、太陽光発電施設のパワーコンディショナ（太陽光発電により得られる直流電気を、家電が使う交流へ変換する装置）のことです。資源エネルギー庁は、ＰＣＳにカレンダー機能を持たせて電力需要が少なくなるゴールデンウィークや年末年始などの時期に、家庭の太陽光発電からの出力を抑制させようとしています。「機器の開発や実証試験等を踏まえ（て役に立ちそうだと分かった場合は）」スマートメーターの通信機能によってカレンダー情報を書き換えられるようにして、カレンダーの精度を高めようということのようです。

3　高度な双方向通信

ＰＣＳのカレンダー情報の書き換えが実際に導入された以降にスマートメーターによる「高度な双方向通信により実現する可能性がある機能」として報告書は、家庭用太陽光発電施設のリアルタイム制御を挙げています。電力需要が少ない時期における太陽光発電施設からの出力抑制を、電力会社側が制御信号をスマートメーター経由で送信することによりリアルタイムに行おうというものです。

報告書はまた、自家用電気自動車、家庭のヒートポンプ給湯システム（いわゆるエコキュート）などのリアルタイム制御も挙げています。余剰電力発生時は自動的に電気自動車への充電・エコキュートでお湯をわかしての電力消費を行い、逆に電力供給逼迫時は自動的に電気自動車から電気を取り出して家庭で使うことなどが構想されています。制御の方法としては、スマートメーター経由で外部から直接制御する方法と、スマートメーター経由で電力会社から提供される料金情報などを踏まえて需要家自身がＨＥＭＳなどを通して制御する方法とが考えられ、報告書は後者のほうが現実的だとしています。

電気自動車への充電などを「自動的に」行うと述べましたが、当然のことながら、需要家の意思に反して強制的に行われるのではなく、需要家があらかじめ設定した範囲の中で行われます。

たとえば、横浜市で行われた実証実験では、晴天で電気自動車を利用していないときは太陽光発電による電気を電気自動車に充電し、夕方以降は電気自動車から家庭へ給電して電力購入量を減らす（ただし、翌日の電気自動車の走行に支障がないことが優先される）ことが、あらかじめ立てた電気自動車充放電計画に基づいて自動的に行われ、節電効果が見られたとのことです。(4)「次の休日に自動車で遠出する」など通常と異なる予定がある場合は、需要家が充放電計画を変更します。

とは言え、右のような電気自動車の使い方をする需要家が現実にどの程度いるのでしょうか。たとえ翌日に外出予定がなくても、夜間に急用などで思いがけず車が必要になる場合がありますす。そのとき、電気自動車から放電してしまっていて充電量が十分でなければ、とても困ります。

「環境経済研究所」の上岡直見さんも、著書(5)の中で、次のように疑問を示しています。

(1)　自動車はユーザーがいつでも、どこでも移動できることが最大の利用価値である。電力需要ピーク時に電気自動車に充電できなくなるなどの事態が起きれば、自動車の利用価値が大きく損なわれるので、現実的とは思われない。

(2)　一般的に多くの自動車は昼間に稼働して夜間に駐車する。太陽光発電からの余剰電力の蓄電池代わりにしようとしても、太陽光発電ができる日中は稼働中であり、充電したい夜間には太陽光発電は利用できない。

そもそも、ガソリン車などと比べて高価で走行距離が短い電気自動車です。今後の技術開発で改善されたとしても、どれくらい普及するのか、まったく未知数です。

以上見たように、太陽光発電大量導入時の送配電系統安定化対策を目的とした日本型スマートグリッドのシステムの中でスマートメーターが目指すべきとされている機能は、家庭用太陽光発電施設を備える家について、家庭用太陽光発電施設、自家用電気自動車、エコキュートなどの制御（直接制御、または制御のための情報提供）を実現するための双方向通信機能でした。

しかし、すでにインターネット通信を利用した出力制御機能付きPCSが登場しています。双方向通信はスマートメーターでなくてもインターネットで可能なのです。

また、電気自動車による蓄電は、前述の通り、普及と実現性が不確実です。

今後の技術の進展に伴ってスマートメーターに右に挙げた以外の重要な機能が期待されるようになるのか、それとも右に挙げた機能すら絵に描いた餅で終わるのか、今のところは何とも言えませんが、「スマートメーターは再エネ導入に不可欠」という言葉にリアリティは感じられません。

（1）たとえば「太陽光発電や風力発電では発電出力が天候等により変動するため、普及拡大には、ITを活用し、電力需給を調整する次世代型電力網『スマートグリッド』の導入もカギとなる。その実現には、蓄電池と、通信機能を持つ電力計であるスマートメーターが不可欠だ」。みずほ総合研究所『日本経済の明日を読む２０１２　アメリカに頼れない時代』東洋経済新報社、二〇一一年一一月。

（2）資源エネルギー庁「低炭素社会実現のための次世代送配電ネットワークの構築に向けて～次世代送配電ネットワーク研究会 報告書～」二〇一〇年四月。
（3）資源エネルギー庁「次世代送配電システム制度検討会第一ワーキンググループ報告書」二〇一一年二月。
（4）（2）と同じ資料。
（5）日経テクノロジーオンライン「ＣＥＭＳと連携してＥＶの充放電や急速充電器の制御」二〇一五年二月二五日。http://techon.nikkeibp.co.jp/article/FEATURE/20150120/399715/
（6）上岡直見『「走る原発」エコカー』コモンズ、二〇一五年七月。

「スマートグリッド」で良いのか

　これまで述べたことは、スマートグリッドを国が構想している形のままで進めることを前提としていますが、さらに、国が構想しているスマートグリッドをこのまま進めさせて良いのか、という問題もあります。太陽光発電による余剰電力発生の背景には、出力の調整ができない原子力発電の存在があります（図1―5）。電力需要が少ない時に原発からの出力を下げられないことも、電気が余る原因です。原発をやめれば、各家庭の太陽光発電施設をリアルタイムに制御したり、自家用電気自動車を蓄電池代わりにする必要性は小さくなり、送電網系統安定化のためとしてはスマートメーターは不要になるのではないでしょうか。反原発・脱原発の立場から、再エネ導入のためのスマートグリッドについて何となく良いものだと思っている方々もいるようですが、国が進めている再エネ導入は原発の利用を前提としており、そのためのスマートグリッドなのです。

事故が起きた時の被害が大きすぎる原発は廃止すべきです。二〇一二年五月に国内の全原発が停止してから、ごく一部の原発が運転を再開している現在まで、電力不足は発生していません。当面は水力発電と出力調整可能な火力発電を利用しつつ、電力消費じたいを少なくする社会経済構造への転換を図るのが良いだろうと筆者は考えます。そのために、オール電化住宅の建設はやめたほうが良いでしょう。電気がなければ動かせない電気自動車、エコキュートとも、節電に逆行する設備です。再エネについてもメリットだけでなく、メガソーラーや風力発電による環境破壊、太陽光発電施設からの電磁波による健康影響の訴え、風力発電による低周波音公害など、デメリットも指摘されており、むやみな推進は問題です。二酸化炭素削減の視点のみから「環境」を論じるべきではありません。

日本の「技術」を強みとして国際市場への展開を図りたいのならば、その技術は、プライバシーを守りたい、余計な電磁波被曝を避けたいという市民の願いを切り捨てない、人にやさしい技術、そして環境を破壊しない技術であるほうが、ビジネスも成功するはずです。経済成長偏重で原発維持の「スマートグリッド」から、エネルギー政策を転換すべきです。

図1—5　余剰電力のイメージ図

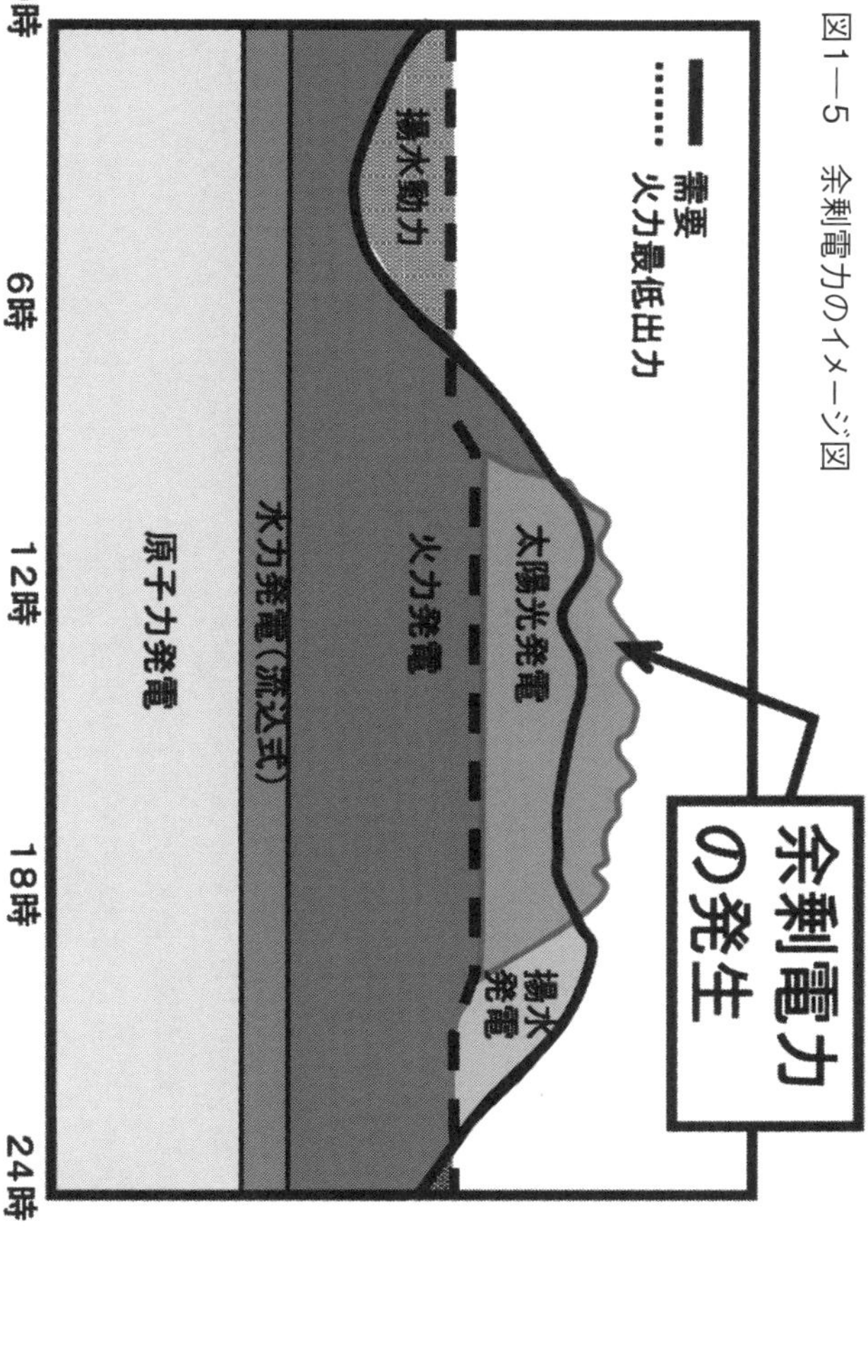

資源エネルギー庁「低炭素社会実現のための次世代送配電ネットワークの構築に向けて～次世代送配電ネットワーク研究会　報告書～」2010年4月

産業振興のためのスマートメーター

関連する新しいビジネスを興し、国内、国外の市場へ売り込み、経済成長を図ることも目的の一つとして、スマートメーター全戸導入方針を国が打ち出しました。

東芝は二〇一一年に世界的なメーター製造会社であるスイスのランディス・ギア社を二三億ドル（一八六三億円）で買収しました。同社のメーター（電力、ガス、水道など）のマーケットシェアは北米二六％、欧州二〇％で、スマートメーターのマーケットシェアは北米三一％、欧州四九％とのことです[1]。大崎電気工業は、シンガポールのスマートメーター製造会社であるSMBユナイテッド社を二〇一二年に子会社にしました。同社はオーストラリア、ニュージーランド、欧州を中心に販売しており、同社の子会社化によって大崎電気工業はアジア、欧州市場での展開を進めています。富士電機は二〇一二年、日米八社でスマートメーター用無線通信の規格認証団体を設立しています。こうした各社の海外展開を、国が後押ししている形です。

メーター製造会社だけではなく、家電メーカーにも大いに関係があります。日本の家電が海外メーカーとの競争で苦戦していることは、皆さんご承知の通りです。価格競争では勝ち目がないので、高付加価値化を目指そうと、「ＩｏＴ（Internet of Things　モノのインターネット）」「ビッグデータ活用」が喧伝されています。

ＩｏＴとは、家電を含め、世の中に存在するさまざまなモノに通信機能を持たせ、インターネットに接続させたり相互に通信させることにより、家電の遠隔操作や、家電に付けた各種センサーなどによるデータの自動収集などの機能を持たせようとすることです。日本の家電をＩｏＴ化して、インターネットやスマートメーターの通信網に接続できるようにすることで日本製品に競争力を持たせよう、また、すべての消費者の電力使用量推移データに、家電が自動収集する情報も合わせたビッグデータを商売に利用しよう――スマートメーター推進の本当の狙いは、このあたりでしょう。その是非は措いても、国の産業振興策のために、スマートメーターを拒否したい市民に対してそれを押しつけることは正当化されません。

（1）アイザワ証券「アイザワ週報　第二二九六号」二〇一二年二月一三日。

省エネ法の改正

蛇足ですが、スマートメーターに関連する法律として、「エネルギーの使用の合理化等に関する法律」（省エネ法）があります。この法律の二〇一四年四月施行の改正によって、三〇分ごとの電気使用量の情報の取得などが可能になる機器（必ずしも通信機能を持つスマートメーターである必要はない、と解釈できます）の整備に関する計画を電力会社が作成して公表しなければならないと定められました。[1][2] もちろん、この条文はすべての需要家に対してスマートメーターの設置を義務付けるものではありません。

（1）エネルギーの使用の合理化等に関する法律第八十一条の七第一項「電気事業者（略）は、（略）次に掲げる措置その他の電気を使用する者による電気の需要の平準化に資する取組の効果的かつ効率的な実施に資するための措置の実施に関する計画を作成しなければならない」。同項第二号「その供給する電気を使用する者の一定の時間ごとの電気の使用量の推移その他の電気の需要の平準化に資する取組を行う上で有効な情報であつて経済産業省令で定めるものの取得及び当該電気を使用する者（略）に対するその提供を可能とする機能を有する機器の整備」。

（2）エネルギーの使用の合理化等に関する法律施行規則第五三条「法第八十一条の七第一項第二号において経済産業省令で定める情報は、三十分ごとの電力量並びに測定の年月日及び時刻とする」。

東京電力の「仕様見直し」

東京電力はスマートメーターの実証実験を行うために二〇一〇年から東京都清瀬市、小平市の家庭などへの設置に取りかかっていましたが、二〇一一年三月の東日本大震災と福島第一原子力発電所の事故で、スマートメーター設置はストップしました。

原発事故による賠償や廃炉などの対応のために膨大な出費と負債を抱えた東京電力は本来、事故の責任をとらせるためにも破綻させるべきでした。しかし、当時の民主党政権は、東京電力を延命させることにしました。一方で、経営破綻状態の東京電力にスマートメーターの全戸設置という巨額の投資をさせるにあたり、東京電力の従来の方針のままスマートメーターを設置させて良いのか、もっとコストカットさせるべきではないかという議論が、政府の内外で起きました。

そこで、原発事故後に制定された法律に基づいて設立された「原子力賠償損害支援機構」が介入し、東京電力のスマートメーターの仕様について意見募集を二〇一二年三〜四月に行い、延べ八八の企業、団体、個人から四八二件の意見を受け付けました。その結果、東京電力は「徹底したコストカットの実現」「外部接続性の担保」「技術的拡張可能性の担保」の三つの観点からスマートメーターの仕様を変更すると発表しました。変更された項目は多岐にわたりますが、たとえば以下の通りです(1)。

しかし、結果的には、この仕様変更が事実上骨抜きにされたり、または、仕様変更が必ずしも良い面ばかりをもたらさなかった部分もあります。

1　Ａルートの通信方法

東京電力は、Ａルート（スマートメーターと電力送配電会社間）の通信方式は無線マルチホップ方式を主体にする予定でした。しかし、欧州で主流であるＰＬＣ方式も考慮すべきとの海外メーカーからの意見などを踏まえて、無線マルチホップ方式、ＰＬＣ方式、携帯電話方式の三つの方式（第二章参照）から適材適所で選ぶことになりました。とはいえ結局、東京電力はスマートメーターのうち大部分の約九割で無線マルチホップ方式を採用しているので、この見直しは東京電力によって、ほとんど反故にされたと言えなくもありません。

2　Ａルートの通信手順

東京電力は、Ａルートの通信機能を独自仕様とし、基本的に外部に対して閉じられたものにする予定でした。しかし、それでは外部事業者が参入しづらくてスマートメーターのデータを活用した新ビジネスを興すためにマイナスであることから、インターネット通信に準拠したプロトコル（通信手順）を用いるなど国際標準仕様を採用することになりました。

一方、オープンな通信仕様を採用することは、サイバー攻撃（第二章参照）をより受けやすくなることを意味するので、良い面ばかりではありません。

3　Bルートへの対応

東京電力の当初の仕様では、需要家が要望した場合のみBルート（スマートメーターと家庭間）対応メーターに取り替えることにしていました。しかし、Bルート活用促進のため、すべてのスマートメーターをBルートに対応させることにしました。

このことにより、BルートからHEMS経由の「見える化」の実施や、Bルートからのデータを利用した新ビジネスの創出にはプラスになりました。

一方で、BルートからHEMS経由でリアルタイムの電気使用量を知られることによるプライバシーの侵害、監視社会化（第二章参照）の懸念は強まりました。

4　スマートメーターの入札

東京電力は従来から関係が深いメーター製造会社である、東光東芝メーターシステムズ（旧東光電気と東芝の計器事業を統合した会社）、大崎電気工業、三菱電機、GE富士電機メーター（富士電機グループとGEグループの合弁会社でスマートメーター事業を担う）の四社を対象にした指名競争入札でスマートメーターの発注先を決める方針でした。このことに対する政府内外からの批判を受け、東京電力は「新たな成長分野のインフラとなることが期待されるスマートメーターの大規模調達は『新しい東電』の企業姿勢を明確に示すものでなければならない。すなわち、いわゆる『ファミリー企業』と称される関連会社や従来より継続的に受注関係を有している企業群に閉じた調達慣行ではなく、国際入札や社外からの意見募集といった抜本的な調達改革を行い、一層のコストダウンや取引の透明性向上を実現する[2]」方針へ転換しました。

東京電力のスマートメーターの国際入札は実施されました。しかし、実際に落札したのは右の四社、すなわち「『ファミリー企業』と称される関連会社や従来より継続的に受注関係を有している企業群」によって独占されています。

以上のようなスマートメーターの仕様変更を経て、東京電力は二〇一四年四月からスマートメーターの設置をあらためて開始しました。

(1) 東京電力「スマートメーターの仕様改革について」二〇一二年五月一日。
(2) 原子力損害賠償支援機構、東京電力「総合特別事業計画」二〇一二年四月二七日。

ガス・水道メーターのスマートメーター化も

電気メーターだけではなく、ガスメーターと水道メーターもスマートメーター化へ向けて動いています。

東京ガスは、アナログ電話回線を利用した保安監視、遠隔遮断操作、自動検針を行うサービス「マイツーホー」を一九八九年から開始し、四〇万件以上の顧客に提供してきました。[1]しかし「携帯電話やインターネットの普及によって一般家庭の通信インフラは短寿命化／多様化し、電話回線に依存しない通信手段が必須となってまいりました」として、二〇一二年一二月から「マイツーホー」を導入している顧客の一部に対して、家庭用「超音波ガスメーター」に取り付け可能な、PHSの電波で通信する端末の提供を開始しました（写真1―2）。なお「超音波式ガスメーター」とは、メーター内のガスの流路に超音波センサーを設けてガスの流速を計測することでガス使用量を量るメーターのことで

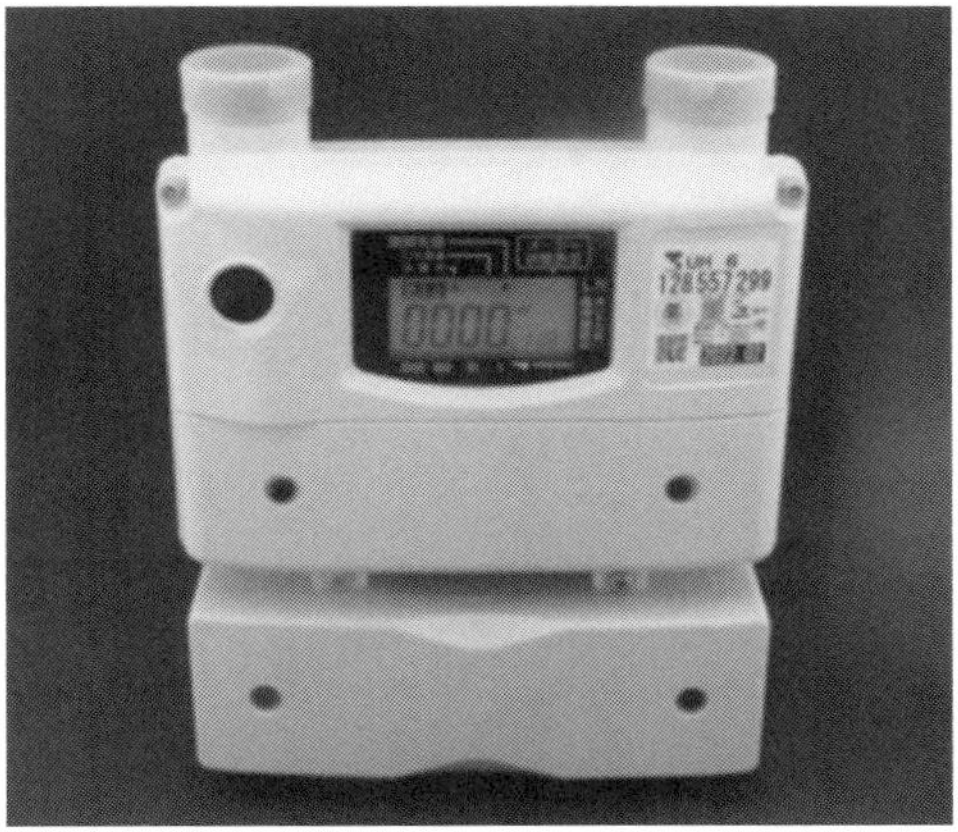

写真1－2　超音波式ガスメーター（上）とPHS通信端末（下）

東京ガス、ウィルコム「超低消費電力PHSチップセットを実装したガス遠隔遮断・監視サービス『マイツーホー』向け通信端末の開発について」2012年3月28日　http://www.tokyo-gas.co.jp/Press/20120328-01.html

す。従来の「膜式ガスメーター」に比べて省電力化し、通信機能の拡張性があります。PHS端末などを取りつけなければ、通信電波は出しません。

東京ガスは、電気のスマートメーターと同様に九二〇メガヘルツ(MHz)帯の電波を使いメーター間のバケツリレー方式で送受信する方式も開発しています。

各地で実証実験が行われており、東京都水道局、東京電力、東京ガスは、東京都中央区晴海五丁目地区をモデルとした、スマートメーターによる自動検針や見守りサービスなどを実現するための実務協議会を、二〇一六年二月二日に設置したと発表しました(図1―6)。

電気だけでなく、ガス、水道もスマートメーターになれば、次章で見る問題点が、ますます大きくなることが懸念されます。

(1) 東京ガス「ガススマートメーターシステムの開発」http://www.tokyo-gas.co.jp/techno/menu5/18_index_detail.html

図1—6　電気、ガス、水道の使用量データを共同検針し、そのデータをビジネスに活用するシステムのイメージ

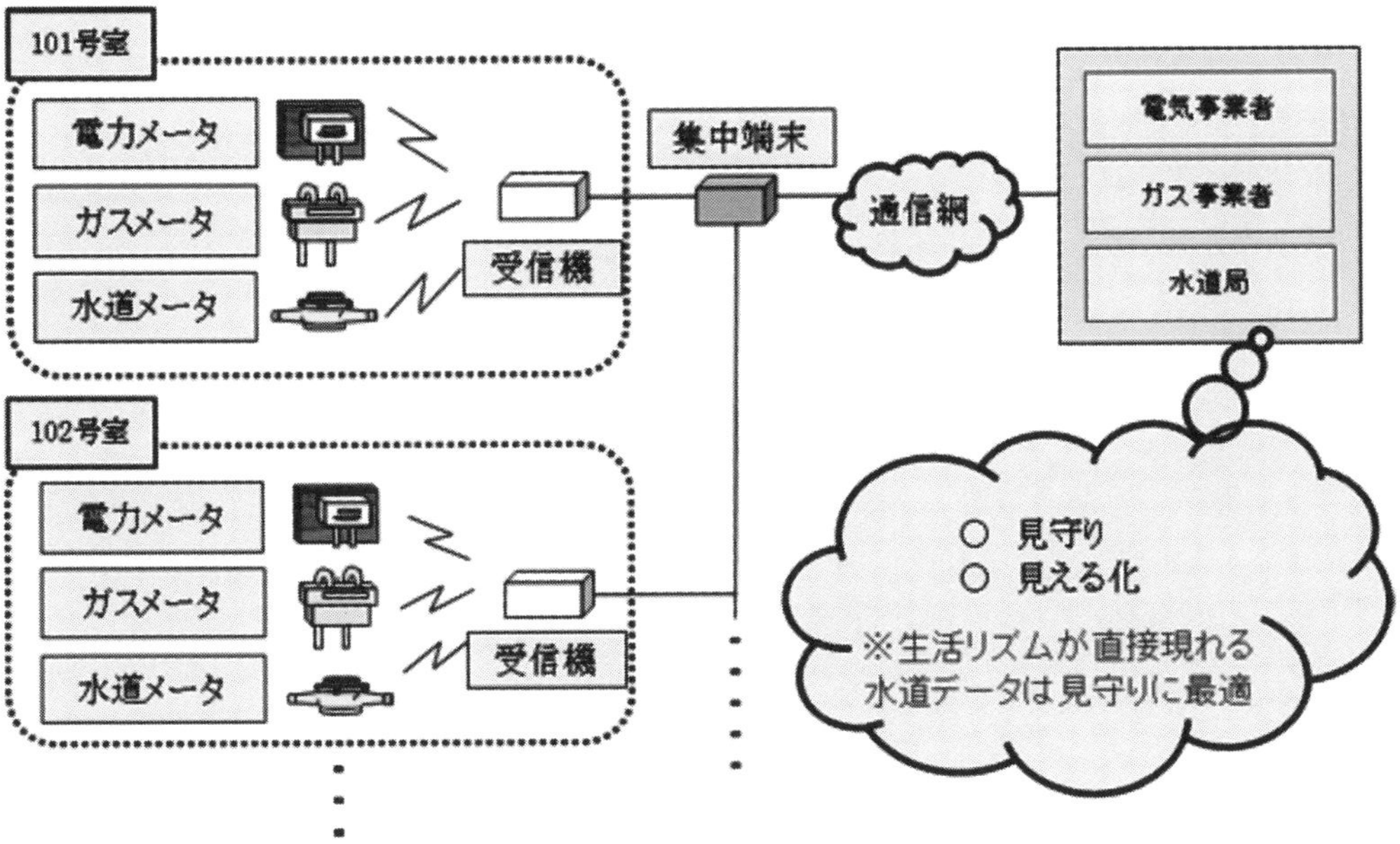

東京ガス「東京都中央区晴海五丁目地区をモデルとしたスマートメータ化の取組について」http://www.tokyo-gas.co.jp/Press/20160202-01.html

第二章　スマートメーターの懸念される問題点

日本ではあまり話題になっていないスマートメーターですが、海外では、大いに議論の的になっている国もあります。どのようなことが懸念されるのか、見てみましょう。

プライバシーの侵害

スマートメーターにより、三〇分ごとの電気使用量を電力会社に知られます。三〇分ごとの電気使用量の推移からでも、その家庭の生活パターンをある程度推測できます（図2―1）。

また、HEMSを買わない人々には関係ありませんが、買ってしまったら、そこからは、もっと詳細なリアルタイムの使用量データを取得できます。電気製品は、その瞬間的な消費電力量に特有の特徴と傾向を示すので、消費量のデータを詳細に分析すれば、ある瞬間に家庭やオフィスにおいてどのような電気製品を使用したのかをかなりの精度で推定することができるとされています（図2―2）。

三〇分ごとのデータと、リアルタイムのデータとでは、精度にかなりの差はありますが、いずれにしても高度なプライバシー情報です

米国の技術や産業、工業などに関する規格標準化を行う政府機関である国立標準技術研

図2−1　30分ごとの電気使用量データ

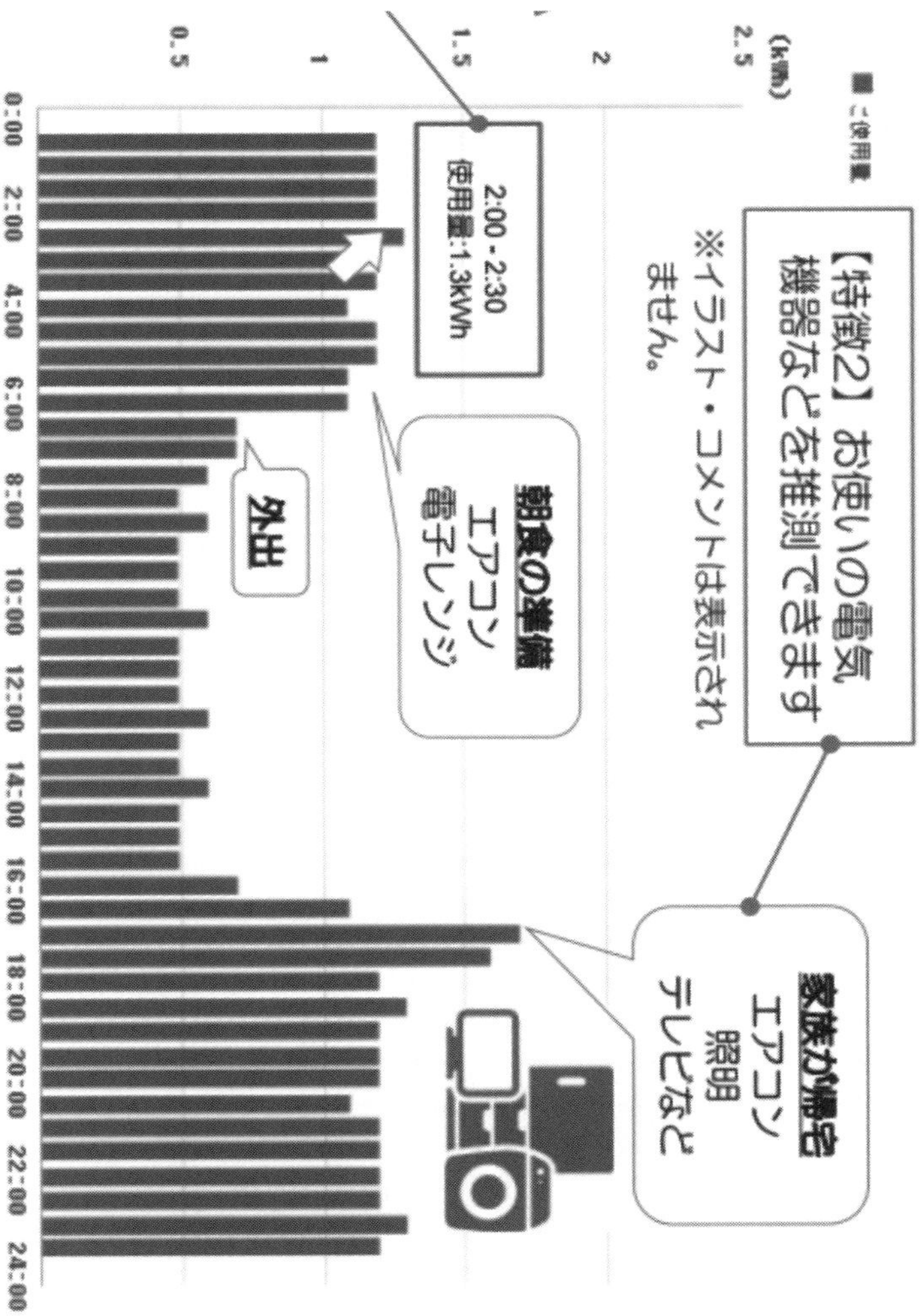

東京電力「スマートメーターを活用した新たなサービスの導入について」2015年6月30日。

究所（ＮＩＳＴ）は、米国のスマートグリッド関連技術の標準化も行っています。ＮＩＳＴはスマートメーターのデータをどのような人たちが欲しがるかを例示しました（表２―１）。様々な活動分野の人々にとって、のどから手が出るほどほしい情報であることが分かります。

プライバシー情報の事業者への提供について、私たちに身近なものの一つに「Ｔポイントカード」「ポンタカード」などのポイントカードがあります。買い物の時にポイントカードを提示すると、一〇〇円の買い物につき一円分といったポイントが与えられ、そのポイントを現金代わりにして買い物をすることができます。事業者は、カードの持ち主（住所、氏名、性別、年齢などが登録情報から分かります）が、いつ、どこで、何を買ったかという情報を得て蓄積します。事業者はカード会員たちの日々の買い物という膨大な情報（ビッグデータ）を分析してマーケティングなどに活用します。つまり、買い物客は、自分のプライバシー情報と引き替えに、ポイントという経済的な見返りを受けるわけです。自分のプライバシー情報を業者へ与えたくなければ、ポイントカードを使わなければ良く、カードを使うのか使わないのか、どちらを選ぶのかは消費者の自由です。

電気料金についても、同様のことが言えるはずです。三〇分ごとの電気使用量というプライバシー情報を提供する替わりに、ピークカットに協力すると経済的メリットがある「お得

図2—2　リアルタイムの電気使用量データ

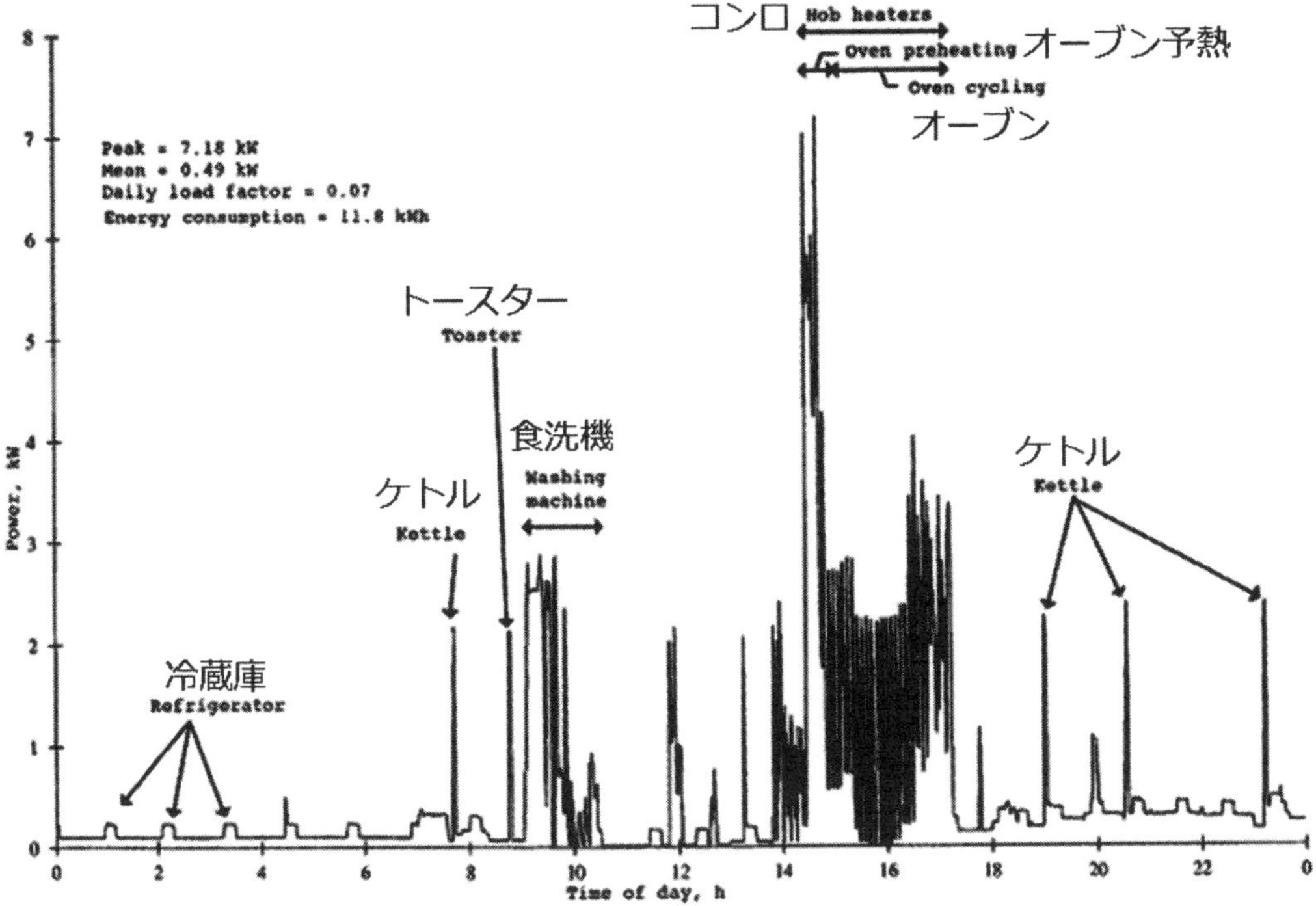

アメリカ国立標準技術研究所 http://spectrum.ieee.org/energy/the-smarter-grid/privacy-on-the-smart-grid

な電気料金」を望む需要家は、スマートメーターを設置させれば良いでしょう。そして、プライバシー情報を渡したくない需要家は、「お得な電気料金」をあきらめてアナログメーターを選べるはずです。希望していないのに勝手に作られたポイントカードを押し付けられて、それを使うよう無理強いする店がもしあったら、非常識な店だと思われるでしょう。電力会社は今、そういうことをやっているのです。

経産省検討会の報告書には[1]「電力等使用情報は需要家自身に係る情報であり、我が国の個人情報保護法やＯＥＣＤ（経済協力開発機構）ガイドライン等を踏まえれば、いわゆる需要家による情報の自己コントロールを確保するという基本的考え方に基づき、当該情報は電力会社等から需要家に対して適正に提供されるべきものであり、需要家が第三者への提供も含めその利用を行うことができるものである。一方、電力会社等は需要家から了解を得ている範囲内において、電力等使用情報を管理し、自らの事業に利用することが可能である」と記されています。また、総務省情報通信政策研究所によるレポートは[2]「電力利用データは、世帯（または世帯主）に属する情報である。このため電力利用データの所有者は、世帯（または世帯主）と考えることが一般的だろう」との見解を示しています。

以上を踏まえれば、電気使用データの所有者である需要家（世帯または世帯主）は「第三者」に対してのみならず、電力会社に対しても、自己が了解した場合のみ三〇分ごとの電気使用

表2－1　スマートグリッドデータの収集と使用から生ずる潜在的なプライバシーへの影響

データを集めたり使うかもしれない関係者	データはどのように使われ得るか?
事業者	電気使用のモニタリング、料金請求
電力使用アドバイス会社	エネルギー節約意識を促進するために
保険会社	普通でない行動（たとえば不規則な睡眠）に基づいて保険料を決めるために
マーケッター	広告のターゲットとなる顧客のプロファイリングのために
司法関係者	非合法か疑わしい活動を見分けるために
民事訴訟人	だれかが在宅した期間やその人数を見定めるために
家主	賃貸借契約の遵守を確認するために
私立探偵	特定の出来事をモニターするために
報道機関	有名人についての情報を入手するために
債権者	信用度を示すように思われる行動を見定めるために
犯罪者	窃盗のためにもっとも良い時間を見分け、住人が留守かどうかを見定め、家にある資産を鑑定するために

アメリカ国立標準技術研究所 "Guidelines for Smart Grid Cybersecurity Volume 2 - Privacy and the Smart Grid" より筆者作成。

データを提供できることにしたほうが、理屈としてすっきりします。電力会社が需要家から許可を得る手続をせずに三〇分ごとの電気使用量データを取得していることについて法的問題がないのか検討されるべきです。

欧米でもプライバシー問題が、スマートメーターに抵抗を感じる一因になっています。

ドイツ・ミュンヘン大学のヨハン・クランツ（Johann Kranz）によると、スマートグリッドについてのアンケート調査で回答者の七一％が「スマートメーターは良いアイデアであると考えている」と答えたにもかかわらず、同時に「スマートメーター技術を本質的に信用していない」と六九％が答えたとのことです。また、六〇％が顧客データへの不正アクセスを懸念し、五三％が顧客データは目的外に利用されるのではないかと疑っています(3)。

スマートメーターの情報を、自分が望まない相手に取得されてしまう恐れも排除しきれません。もし犯罪者が取得すれば、空き巣に狙われる恐れがあると、ＮＩＳＴも指摘しています。

経済産業省も、想定されるセキュリティリスクとして、情報漏洩、料金データ改ざん、停電などを挙げ(4)、各電力会社はセキュリティ対策を講じています。しかし、政府機関や大企業のウェブサイトが攻撃され個人情報が漏洩するケースが後を絶ちません。セキュリティのための技術を懸命に開発しても、その穴を見つけられて攻撃されたり、人為的なミスも繰り返されています。スマートメーターの巨大な通信網についてセキュリティ対策を完全に施し切ることができるのでしょうか。

(1) 資源エネルギー庁スマートメーター制度検討会「スマートメーター制度検討会報告書」二〇一一年二月。

(2) 総務省情報通信政策研究所「スマートグリッド関連サービスにおけるプライバシー・個人情報保護に関する調査研究報告書」二〇一二年三月。

（3）一般社団法人日本産業機械工業会「欧州スマート技術の現状（後編）」二〇一二年四月。
（4）資源エネルギー庁電力・ガス事業部「スマートメーター導入促進に伴う課題と対応について」二〇一四年一二月。

生活を監視される

三〇分ごと、あるいはリアルタイムの電力使用量が知られることは、家族以外のだれかに生活を監視されることだと感じる人もいると思います。前章で見た、独居老人宅の電気使用状況を「見守る」サービスは、「監視」そのものであると言えなくもありません。

スマートメーター、ＨＥＭＳと「スマート家電」や自家用電気自動車が接続されるような時代が本当に来た場合、どのようなことが起こるのでしょうか。

現在販売されているエアコンの中には、カメラが内蔵されているものもあります。人がいる場所へ向けて素早く風を送ることなどができるといいます。これが外部とつながれば、監視カメラに早変わりするかもしれません。冷蔵庫の中の様子をネット経由で家の外で見られる製品もすでに登場しています。テレビ録画機のハードディスクの中に録画されている番組のリストをネットで見られる製品もすでにあります。このような様々なプライバシー情報と電気使用量情報が集約されて、すべてＨＥＭＳ経由で収集できるようになるのです。

電気自動車もＨＥＭＳとつながりながら充電や放電をすることが構想されているため、各家庭の自動車の利用パターンのデータを収集することが可能となります。充電時に車載コンピュータのデータとリンクすることが可能となれば、詳細な走行パターンまでもが収集されることになると指摘されています[1]。

電力事業と関係のない第三者に電力使用データの取得を許可していけば、データにアクセスできる立場の人は増えていきます。データを第三者へ提供するかどうかについては、前述の通り需要家が自分で決めることができます。それでも、たとえば生命保険会社が「スマートメーターのデータを提供してもらい、そこから規則正しい生活パターンが確認できれば、病気のリスクが小さそうなので保険料を安くする（逆にスマートメーターのデータを提供しないと保険料が相対的に高くなる）」というサービスを始めた場合、経済的理由から、嫌でもスマートメーターのデータを提供せざるを得ない、ということになる可能性も考えられます。

ジャーナリストの斎藤貴男さんは、いわゆる「マイナンバー」の利用範囲が民間分野も含めてなし崩し的に拡大される流れの中、マイナンバーカードが店のポイントカードの代わりに利用されるようになり、電力会社もマイナンバーを利用するようになると予想。スマートメーターで分かるライフスタイルと、マイナンバーカードから分かる購入履歴などを付き合わせて分析することで、個人の生活がガラス張りになり、その人が興味を持ちそうな商品やサービスの広告を送りつけるターゲティング広告が、これまで以上に押し寄せてくる未来予想図を描いています。[2]

米国国家安全保障局（NSA）の業務に携わっていたエドワード・スノーデン氏は、NSAが全世界でインターネット通信を傍受し、個人情報を収集していることを二〇一三年に暴露しました。スマートメーターの普及が、市民を監視したいという政府機関の欲望を容易に満たせる社会へつながらないか、心配です。

（1）湯淺墾道「スマートメーターの法的課題」九州国際大学社会文化研究所紀要第六九巻、二〇一二年三月

（2）斎藤貴男『「マイナンバー」が日本を壊す』集英社インターナショナル、二〇一六年二月

大停電

二〇一五年一二月、ウクライナで数万戸の大規模停電が発生しました。ロシア発祥のウイルスを使った攻撃が仕掛けられ、コンピューターや制御システムに障害が発生した、と米捜査当局は断定しました。[1]サイバー攻撃による停電が確認された世界初の事例とみられています。送電網がサイバー攻撃の標的になり得るという懸念が現実になったことで、世界に衝撃

を与えました。ウクライナはスマートメーターが設置されていませんでしたが、スマートメーターが設置されている国では、送電網へのサイバー攻撃がさらに容易になると心配されています。

「情報セキュリティの世界的権威[2]」である英国ケンブリッジ大学コンピュータ研究所のロス・アンダーソンらは、以下のように述べています[3]。

「サイバー攻撃であれ、単なるメーター内のソフトのエラーであれ、その結果としてスマートメーターに不具合が生じると、電力やガスの供給の停止が大規模に起きる恐れがある」。「遠隔スイッチ操作のコマンド（司令プログラム）、遠隔のソフト更新、複雑な機能性といった特徴が、まさに恐るべき脆弱性をもたらしてしまっている」。

パソコン用ウイルス対策ソフトの開発・販売などを行うマカフィの佐々木弘志氏も、「現在の電力制御システムは外部接続を行わないクローズドなシステムが一般的だった。しかし現在注目されている次世代電力システムはインターネットに接続され、さらにOSなどに関してもＬｉｎｕｘのようなオープンソースのものを採用する動きが広がると見られている。つまり、現在の〝ＩＴシステム〟と同じ構成に近づいており、必然的にサイバー攻撃を受けるリスクが高まることが予想される」と述べています[4]。

パソコンはネットと容易に接続できるようになり、常時接続しているパソコンも多くなりました。そのことで、大変便利になり、ウィンドウズなどの基本ソフトや、パソコンで使っているアプリケーションソフトは、ネットを通じて必要な更新が自動的に行われることも多くなりました。その一方で、不正侵入やウイルスなど、ネットを介した攻撃を受けやすくなりました。また、更新データに事前に見つけられなかった不具合があって、ソフトの更新によりパソコンの機能が向上するどころか、逆に動作がおかしくなったという不愉快な経験をした方々も多いでしょう。スマートメーターも、ファームウェア（メーターの基本的な制御を司るソフトウェア）の自動更新機能があり、スマートメーターの通信網はインターネットともつながっていることから、パソコンとかなり似通っており、原理的に同様のトラブルの危険にさらされます。

また、前述したように、スマートメーターは遠隔操作で電力供給をストップできます。外部からのサイバー攻撃だけでなく「上司に怒られてばかりで、おもしろくねえ！」とかヤケクソになった電力会社内部のスタッフがスイッチを操作して一〇〇万戸を停電させてしまうことも理論的には可能です。

（1）CNN「ウクライナの大停電、原因はサイバー攻撃　米当局が断定」二〇一六年二月四日。http://www.cnn.co.jp/tech/35077386.html

（2）aamazon.co.jp の著書紹介文。

（3）Ross Anderson, Shailendra Fuloria. Who controls the off switch? First IEEE International Conference on Smart Grid Communications（SmartGridComm）4-6 Oct. 2010, 96-101.
（4）陰山遼将「電力網がサイバー攻撃されたらどうすべきか、先行する米国のセキュリティ対策事例」二〇一五年六月九日。http://www.itmedia.co.jp/smartjapan/articles/1506/09/news033.html

プエルトリコでスマートメーターをハッキング

米国連邦捜査局（FBI）は二〇一〇年五月に公表した報告書で、米国自治連邦区のプエルトリコでスマートメーターのプログラムを書き換えることにより、電気料金を実際より少なくする犯罪が発生していることを明らかにしました。[1] FBIは、スマートメーターやスマートグリッド技術の進展とともに、スマートメーターをハッキング（不正侵入）することによる不正が米国全土に広がっていくだろうと予想しています。

報告書によると、メーター製造業者の元従業員と電力事業者の従業員が、現金と引き替えにスマートメーターを書き換えていました。報酬は商用メーターで三〇〇〇ドル、住宅用メーターで三〇〇～一〇〇〇ドルでした。犯罪者は、スマートメーターと通信できる光学式装置（ネットショップで四〇〇ドルで入手可能）をラップトップパソコンに接続して、インターネットからダウンロードしたソフトウェアを用いて電気使用量記録の設定を変更しました。犯罪者はパソコンとメーターの間で通信するだけで目的を達成できるので、メーターを取り外したり分解する必要はありません。日本のスマートメーターも、通信エラーなどで遠隔検針が出来ない場合のために、検針員がハンディターミナルでスマートメーターと通信してデータ取得などができるようになっており、おそらく、プエルトリコの犯罪者はこれと同様の仕組みを利用したのでしょう。

また、メーターの上に強い磁石を置くことで、電気使用量を測定できなくする方法も採られたとのことです。ＦＢＩはこの報告書で、メーターは遠隔検針されるため不正行為の発見は難しいと指摘。また、プエルトリコの電気事業者の損失が毎年四億ドルに達し、米国の電気事業だけでハッキング対策として毎年数億ドルものコストをかけていると見られるとも述べています。

（1）Krebs on Security"FBI: Smart Meter Hacks Likely to Spread" 二〇一二年四月

電磁波による健康影響

日本のスマートメーターのほとんどは、電波（電磁波）による無線通信を行います。スマートメーターの電波の強さは国の基準の範囲内なので、スマートメーターの電波による健康への影響について国は「問題ない」としています。

しかし、国の基準を下回る強さの電波で健康被害を受けたと訴える人たちが、全国にいます。たとえば、「電磁波から健康を守る全国連絡会」が二〇一二年三月に開催したシンポジウムで、横浜市、長野県、兵庫県、宮崎県、熊本県、沖縄県の方々が、携帯電話基地局からの電波で健康被害を受けたと報告しました(1)。

また、生活環境中の電磁波（携帯電話基地局からの電波、携帯電話の電波、パソコンや蛍光灯からの電磁波など）に曝露されると様々な症状が出るという、アレルギーと似た「電磁波過敏症（ＥＨＳ）」の方々もいます。電磁波過敏症は多くの国では病気と認められていませんが、北欧諸国は機能障害として公に認めています(2)。電磁波過敏症を病気と認め、生活支援に乗り出したスペインの都市もあります(3)。シックハウス（建物内の化学物質汚染）などをきっかけに発症する「化学物質過敏症」の方が、電磁波過敏症を併発することも多いとされています。主な治療法は、電磁波曝露をできるだけ避けることです。

さらに、世界保健機関（ＷＨＯ）の外部組織である国際がん研究機関（ＩＡＲＣ）は、送配電線や家電などから漏洩する超低周波電磁波と、放送・通信などで利用される高周波電磁波（電波）について、両方とも「発がん性があるかもしれない（２Ｂ）」と評価しています。

（１）電磁波から健康を守る全国連絡会「シンポジウム『もう一つのヒバク～携帯電話基地局の健康被害を考える』」 http://denziha.net/1203sympo.html
（２）ノルウェー、フィンランド、スウェーデン、デンマーク代表によるノルディック閣僚会議によって公表された国際疾病分類第一〇版（ＩＣＤ―１０）の職業関連障害（病気と症状）分類のノルディック版にＥＨＳが二〇〇〇年に機能障害として含まれた。電磁波問題市民研究会「ブリュッセルで過敏症の『歴史的』国際会議」。 http://denmjiha.org/?page_id=10818
（３）スペインのタラゴナ市で、電磁波過敏症を含む中枢性過敏症候群（ＣＳＳ）の人々の生活を世界で初めて行政が支援することが決まった。電磁波問題市民研究会「スペイン・タラゴナ市　世界初、過敏症支援策」。 http://denmjiha.org/?page_id=10924

米国のスマートメーターによる健康被害

米国やオーストラリアではスマートメーターについての政策が州ごとに異なります。米国のスマートメーターは、メーターどうしがバケツリレー方式で電波をやりとりして通信する方式（後述）が主流です。スマートメーターの設置数および設置率がもっとも高いカリフォルニア州を中心に、スマートメーター設置後に健康影響が起きたとの声が出ています。「電磁界安全ネットワーク」[(1)]のウェブサイトには、次のような報告が多数掲載されています。

「五年間問題なく住んでいたアパートにスマートメーターが設置されてからひどい睡眠障害になった」(二〇一四年二月、カリフォルニア州W・Rさん)。

「寝室の窓の横にスマートメーターが置かれてから、頭痛が続くように。ある朝、就寝中、頭の強い圧迫感で目が覚め、頭の中が爆発するような感じがして金切り声を出した。それ以来、集中力の低下などが続いている」(二〇一三年四月、フロリダ州三一歳女性)。

同ネットワークが、スマートメーター被害について、フェイスブックやメーリングリストなどを通してアンケートを行い、統計学の博士号を持つコンサルタントのエドワード・ホルテマンが結果を分析しました(2)。

それによると、アンケートには二〇一一年七月から九月まで四四三人が回答。七八%がカリフォルニア州在住でした(母数は四四三人ではなく、その設問に回答した人数。以下同様)。六八%は「Pacific Gas & Electric(PG&E)」社製のメーターが設置されたと答えました。四一%がメーターは自宅に設置され、七六%が自分の近隣か地域、市に設置されたと答えました。自宅に無線メーターを設置された回答者の八九%が電気の、五三%がガスの、一〇%が水道のスマートメーターを設置されました。自宅や近隣などにスマートメーターが設置されてから自分や家族に発生したか悪化した症状は、睡眠障害（四九％）、ストレス・不安・いらいら（四三％）、頭痛（四一％）、耳鳴り（三八％）、集中、記憶、学習の問題（三五％）などでした。そして九四％がアナログメーターに戻すか維持することを望み、九二％がアナログメーターのための追加料金を請求されるべきではないと答えました。

ＰＧ＆Ｅ社のウェブサイト(3)によると、電気のスマートメーターの出力は一Ｗ、ガスは〇・八二Ｗで、メーターから一フィート（約三〇㎝）の電力密度は、それぞれ八・八μW／㎠、〇・〇〇一六六μW／㎠とのことです。電気のスマートメーターの出力などは日本（後述）に比べると強いので、日本でもこのような事態が起こると単純に言うことはできません。かと言って、日本のスマートメーターなら大丈夫と言える根拠もありません。

環境と健康についての研究や診療を行う医師と科学者のグループである米国環境医学アカデミー（ＡＡＥＭ）は二〇一二年四月、「高周波電磁波の人の健康への影響」と題する文書を発表。そのプレスリリース(4)の中で、「電磁波とラジオ波（高周波電磁波）の、重要だがあまり解明されていない量子場の影響に関して私たちも懸念を表明する」「スマートメーターが家に設置された後の症状悪化と健康への悪影響を患者は医師に報告している」などとして、「有害である可能性があるラジオ波曝露による『スマートメーター』設置に関する即時の警戒」「有線、光ファイバーや他の有害でない方法でのデータ伝送による『スマートメーター』を含むより安全な技術の使用」などを求めました。

（1）http://emfsafetynetwork.org/smart-meters/smart-meter-health-complaints
（2）Ed Halteman 2011. Wireless Utility Meter Safety Impacts Survey Final Results Summary.
（3）PG&E Radio Frequency FAQ. http://www.pge.com/en/safety/systemworks/rf/faq/index.page
（4）The American Academy of Environmental Medicine Calls for Immediate Caution regarding Smart Meter Installation.

オーストラリアのスマートメーターによる健康被害

オーストラリアではビクトリア州のみがスマートメーターを大規模に導入し、同州住民から健康被害を訴える声が出ました。州都メルボルンの家庭医であるフレデリカ医師が、健康被害を受けたと自己申告した住民九二名の症状を聞き取ったところ、症状は多い順に不眠症・睡眠障害（四八％）、頭痛・頭がだるい（四五％）、耳鳴り（三二％）、疲労・無気力（三二％）、認知障害（集中力低下・方向感覚喪失・記憶喪失＝三〇％）、知覚異常（神経痛・灼熱感・手足の冷え・血行不良＝二二％）、めまい・バランスがとれない（二一％）でした。

また、ほとんどの患者は、スマートメーターを設置する以前に電磁波過敏症を発症してはいませんでした。このことから「スマートメーターは人々の症状を引き起こす閾値を下げる独特な特徴を持っていることを示している可能性がある」とフレデリカ医師は指摘しています。[1]

（1）Frederica Lamech 2014. Self-reporting of symptom development from exposure to radiofrequency fields of wireless smart meters in victoria, australia: a case series. Alternative Therapies In Health And Medicine 20（6）,28-39.

国内のスマートメーターによる健康被害

国内で、スマートメーター設置により、電磁波過敏症が悪化した方々がいます。[1]

大阪府の東麻衣子さん（三八歳）は、二〇〇七年四月に化学物質過敏症、翌五月に電磁波過敏症を発症しました。発症以前からそれらの病気への知識を持っていたため早期発見、早期治療をすることができ、完治はしていないものの、症状は落ち着いていました。

二〇一五年一月、東さんの自宅マンションのポストに、電気メーター交換を通知する小さな紙が入っていました。そこには「スマートメーター」とは書かれていなかったため、東さんは深く考えず、そのままにしていました。

二月六日、職場から帰宅して自宅のドアを開けた途端、東さんは、ものすごいめまいに襲われて倒れました。ドアのポストに「スマートメーターに交換しました」というお知らせの紙が入っていることに気付き、もともと電磁波過敏症だったことから、スマートメーターの電波が原因だと思い至りました。

東さんはその日のうちに関西電力に電話して、アナログメーターに替えるよう頼みましたが、担当者から「アナログメーターは、もう製造していないので在庫がありません」と言われました。

東さんは「どうしても替えてもらえないと、ここに住めません。しんどいです。つらいです」と、およそ三〇分間、泣き落とすように訴え続けました。ついに関西電力の担当者は、「いったん電話を切らせてください」と述べ、約三〇分後の折り返しの電話で「アナログメーターの在庫が一個だけありました」と告げました。その日の夜遅く作業員が来て、アナログメーターに交換されました。

しかし、それでも東さんのめまいが治りませんでした。マンションの両隣の部屋ともスマートメーターに替えられていたので、それが原因だと東さんは考えました。翌日、子どもを連れて、実家に避難しました。

東さんは、両隣の家に対してアナログメーターへの交換をお願いすることにしました。どうしたらトラブルにならずにお願いできるか、電磁波過敏症の治療にも取り組んでいる、大阪市の吹角隆之医師のアドバイスもいただきました。幸い、両隣の方々に理解をしていただき、二月二五日にアナログメーターへ交換されました。

両隣宅のメーター交換については、契約の当事者でない東さんへは連絡が来ません。東さんが試しに自宅へ戻ってみて、症状が出ないことを確認したうえでパイプスペースのドアを開けたら、実際にアナログメーターに替わっていたとのことです。

こうして東さんは、無事に自宅へ戻ることができました。

このほか、東さんと同じマンションに住んでいて、両隣の家との交渉にも協力してくれた方が、自宅のスマートメーターをアナログメーターに交換してもらいました。また、東さんの実家のスマートメーターも、アナログメーターに交換してもらったとのことです。

東さんによると、東さん以外にも、山形県、神奈川県、京都市、大阪市、神戸市などの計八名が、スマートメーター設置で電磁波過敏症が悪化したと報告しているとのことです。

（1）東麻衣子「スマートメーターによる健康被害を受けて」電磁波問題市民研究会。http://denmjiha.org/?page_id=11011

環境を整えたはずのアパートで

埼玉県に住む、化学物質過敏症と電磁波過敏症の発症者、K・Aさん（七一歳）も、スマートメーターによる体調悪化を経験しました(1)。

自宅の近所で建設工事、道路工事や農薬散布などがあった場合、化学物質過敏症の方は、工事現場で使われるものから揮発、飛散する化学物質や農薬に反応して、体調を崩す恐れがあります。そのような時に自宅から避難できるように、約一年前に息子さんが賃貸アパートに入居した際に、その部屋でできるだけの対策をして、ご自身が滞在できるようにしていました。

ところがある時期から、息子さんの部屋に入室後しばらくすると右肩から後頭部にかけて凝りとも痛みとも少し違う吐き気を伴った不快感があり、そして浮動性のめまいが出てフラフラすることに気付きました。しかし、その原因は分かりませんでした。

「電磁波問題市民研究会」が開催したスマートメーター問題の集会(二〇一六年二月)に参加したことをきっかけに、もしかしたらと思い、息子さんのアパートへ行って確認したところ、スマートメーターが設置されていたのを確認しました。

Aさんは、東京電力と交渉し、アパートの管理会社の同意を得て、三月二六日、アナログメーターに交換してもらいました。すると、それらの症状は出なくなったとのことです。

(1)「アナログメーターを維持するために」電磁波問題市民研究会。http://denmjiha.org/?page_id=11022

スマートメーターの通信方式

スマートメーターはどのように通信をしているのでしょうか。スマートメーターと電力会社側の間の「Aルート」の通信方式は図2―3の通り三つあります。各電力会社は、これら三つの方式を「適材適所」で採用すると説明しています。採用の仕方は各社によって若干の違いがあります。

1　無線マルチホップ方式

住宅地などで採用されている通信方式です。メーター同士がバケツリレーのように互いに電波を送受信して、「コンセントレーター」(写真2―1)という携帯電話基地局のような施設にデータを集めます。コンセントレーターからは携帯電話電波や光ケーブルを経由して電力会社側へ情報を伝えます。

一般的に電波を発信して通信する無線局を設置して運用するには、無線局の免許をとらなければなりません。しかし、無線マルチホップの場合、比較的出力が小さく免許が不要の電波を使います。免許不要の場合は、無線局ごとに総務省に納める電波利用料も支払う必要がなく、電力会社の自前のシステムなので通信料金も発生しません。初期費用は大きいものの、運用コストの面で電力会社にメリットがあります。このため、九州電力を除く各電力会社は、無線マルチホップ方式をAルートのメインの通信方法として採用しています（表2―2）。

関西電力を除く各社は、無線マルチホップ方式で「特定小電力無線」の電波を使っています。地上波アナログテレビ放送の停波により空いた九二〇MHz帯を、国は二〇一二年に免許不要で利用できる特定小電力用に割り当てました。関西電力は、二〇一二年よりも前からスマートメーター設置を進めている経緯から、特定小電力ではなく、PHS、または無線LANの電波を利用して無線マルチホップを行っています。

2 PLC（電力線通信）方式

集合住宅では、PLC（Power Line Communication）方式が採用されることもあります。これは、電力線（電気配線）を流れる電気にデータを乗せる通信方法です。五〇Hz（東日本）または六〇Hz（西日本）の電気に、一五四～四〇三kHzの信号を乗せて（図2―4）、電力線を介してスマートメーターとコンセントレーターとの間で通信を行います。

他の二つの通信方法は無線通信ですが、PLCは有線による通信です。電波を使わないものの、乗せた信号の周波数の電磁波が配線の周囲に漏洩するので、電磁波の問題がまったくなくなるわけではありません。

ＰＬＣ方式は、沖縄電力を除く各社が採用しています。

東京電力は同社営業エリア内のスマートメーターの通信方式について、東芝からの提案に基づき無線マルチホップ約六七％、ＰＬＣ約七％、携帯電話方式約二六％の割合となるとの

図2—3　三つの通信方式

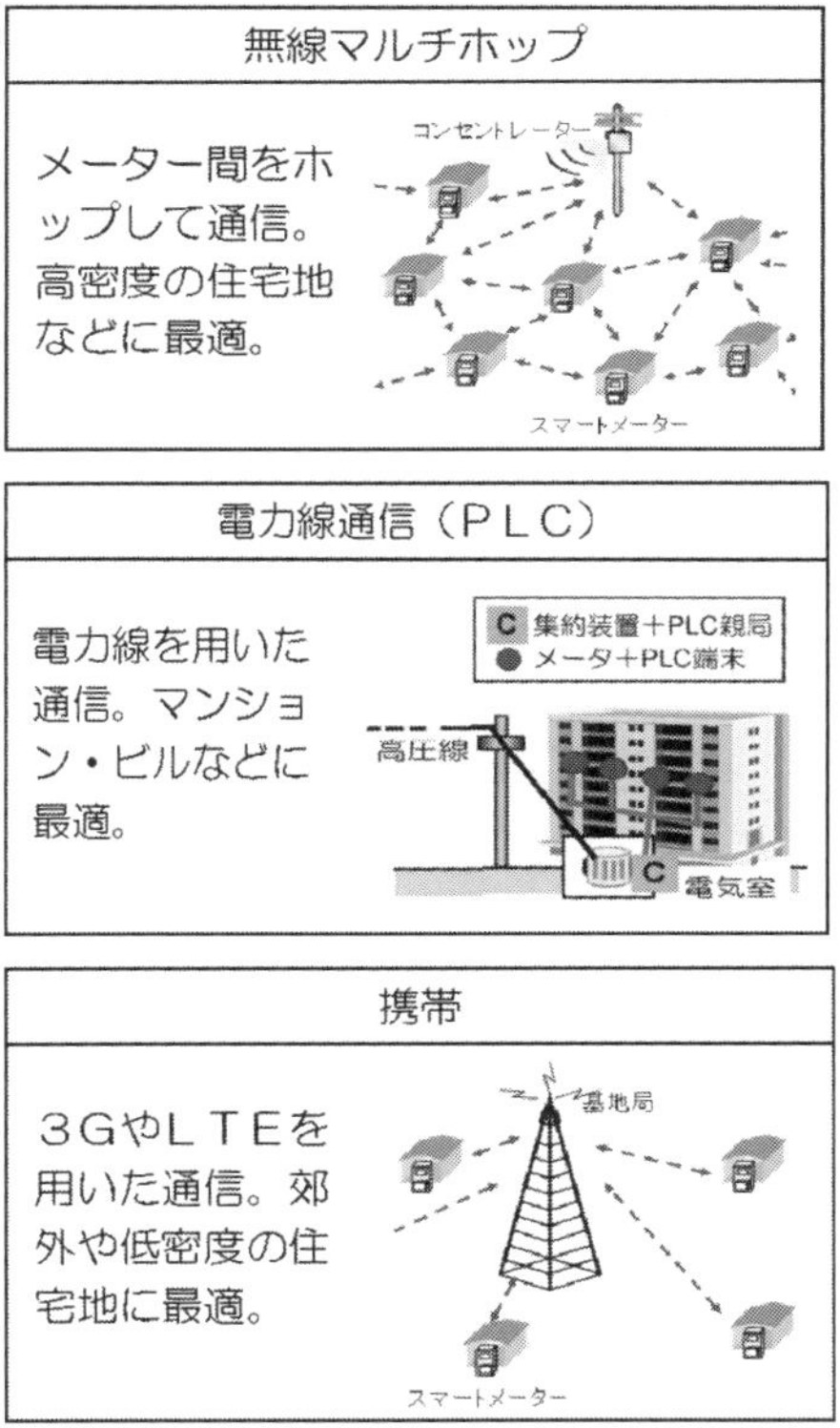
無線マルチホップ
メーター間をホップして通信。高密度の住宅地などに最適。
コンセントレーター
スマートメーター
電力線通信（ＰＬＣ）
電力線を用いた通信。マンション・ビルなどに最適。
C 集約装置＋PLC親局
● メータ＋PLC端末
高圧線
電気室
携帯
３ＧやＬＴＥを用いた通信。郊外や低密度の住宅地に最適。
基地局
スマートメーター

東京電力「スマートメーター導入に向けた取り組み状況について」2013年11月26日。
筆者注）「３Ｇ」は第３世代携帯電話電波、「ＬＴＥ」は第４世代携帯電話電波。

写真2－1　コンセントレーター

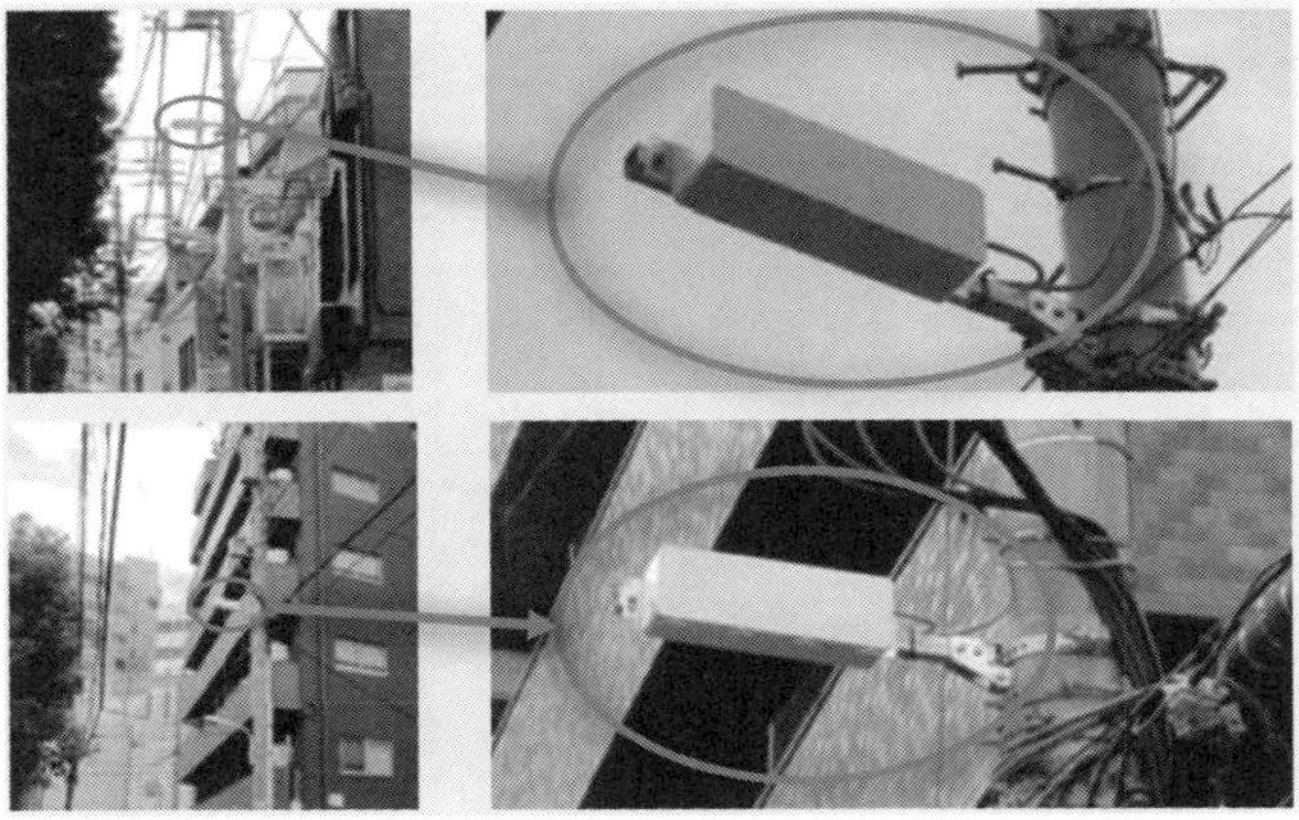

株式会社東芝「東芝レビュー Vol.71 №3」2016年。

見通しをかつては示していました[1]。

しかし、集合住宅でも無線マルチホップ方式で問題なく通信できることがわかったとして、集合住宅においてもＰＬＣではなく無線マルチホップ方式を主に採用しています。このため、同社エリアのスマートメーターは無線マルチホップ方式が約九割、携帯電話方式が約一割で、ＰＬＣはわずか一％未満とのことです[2]。

3　携帯電話（1：N無線）方式

携帯電話の電波を利用する方式で「直接無線方式」とも呼ばれます。無線マルチホップの電波は通常、数百メートル程度しか届かないので、建物どうしの距離が離れている地域では携帯電話方式が主に採用さ

表2－2　各電力会社が選定したAルートの通信方式

（2014 年 12 月時点）

	主方式	従方式①	従方式②
北海道電力	無線マルチホップ方式	1：N 無線方式	PLC 方式
東北電力	無線マルチホップ方式	1：N 無線方式	PLC 方式
東京電力	無線マルチホップ方式	1：N 無線方式	PLC 方式
中部電力	無線マルチホップ方式	1：N 無線方式	PLC 方式
北陸電力	無線マルチホップ方式	1：N 無線方式	PLC 方式
関西電力	無線マルチホップ方式	PLC 方式	—
中国電力	無線マルチホップ方式	1：N 無線方式	PLC 方式
四国電力	無線マルチホップ方式	1：N 無線方式	PLC 方式
九州電力	1：N 無線方式	PLC 方式	—
沖縄電力	無線マルチホップ方式	1：N 無線方式	—

資源エネルギー庁電力・ガス事業部「スマートメーターの導入促進に伴う課題と対応について」2014 年 12 月 9 日。

表2－3　スマートメーターの電波（Aルート）

	無線マルチホップ方式	携帯方式
出力・周波数	特定小電力無線 20mW 920MHz帯（関西電力は無線 LAN 又は PHS。出力・周波数は非公開）	非公開
通信頻度	非公開	非公開

電磁波問題市民研究会による電力各社及び総務省に対する質問状への回答他。

表2－4　スマートメーターの電波の強さ

	送信出力	空中線利得	電力密度
特定小電力無線による無線マルチホップ方式（計算値）	0.02W	3dBi	距離 30cmで最大 3.52μW/㎠ 距離1mで最大 0.31μW/㎠
第3世代携帯電話方式（計算値）	0.15 ～ 0.3W と仮定	-2dBi と仮定	距離 30 cm で最大 8.36 ～ 16.73μW/㎠ 距離1mで最大 0.75 ～ 1.50 μW/㎠

図2―4　PLC通信の仕組み

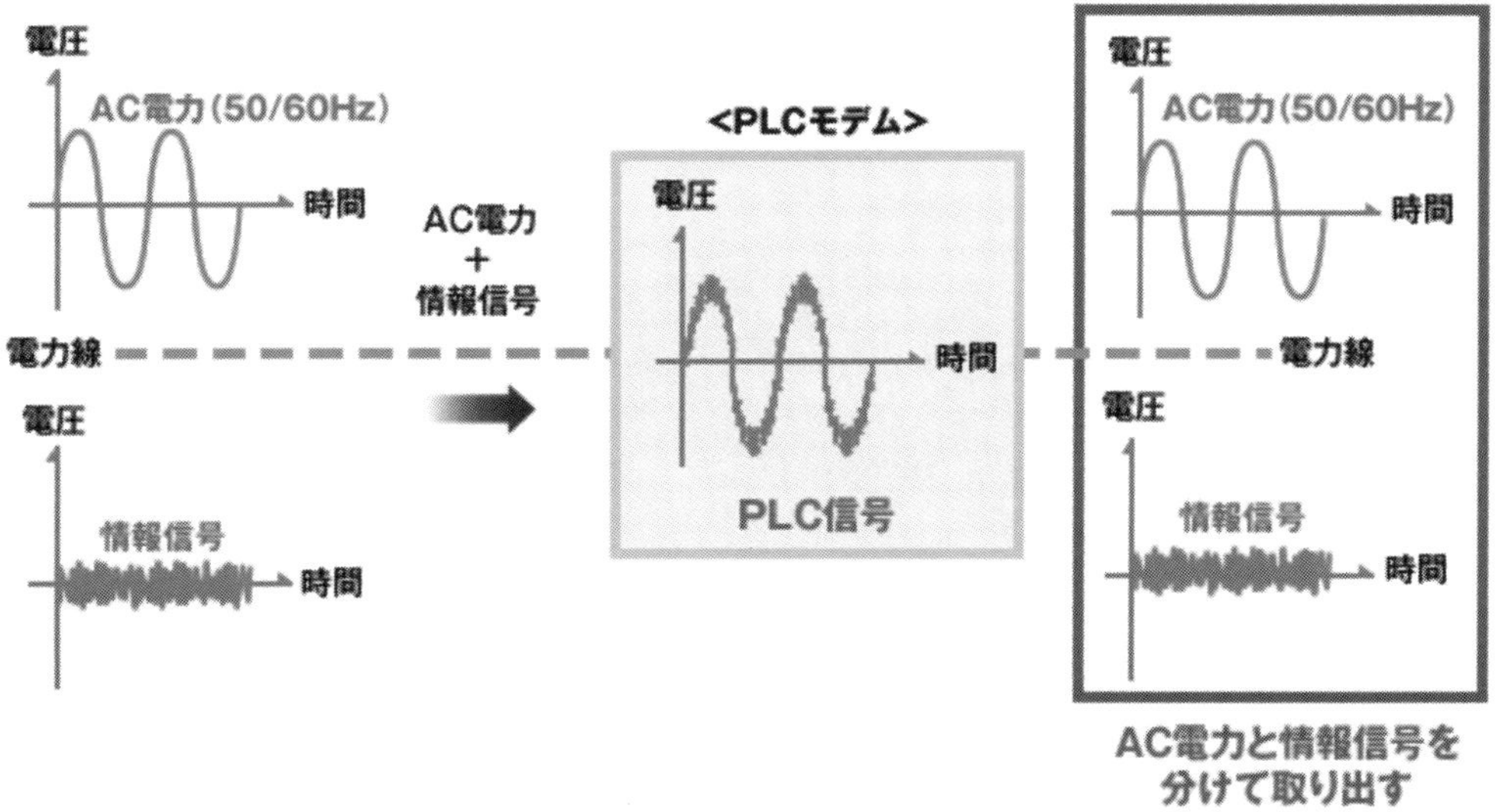

ルネサスエレクトロニクス株式会社 http://japan.renesas.com/edge_ol/topics/27_smart_meter/index.jsp

図2－5　スマートメーターとHEMSとの間、およびHEMSと家電などの間の通信

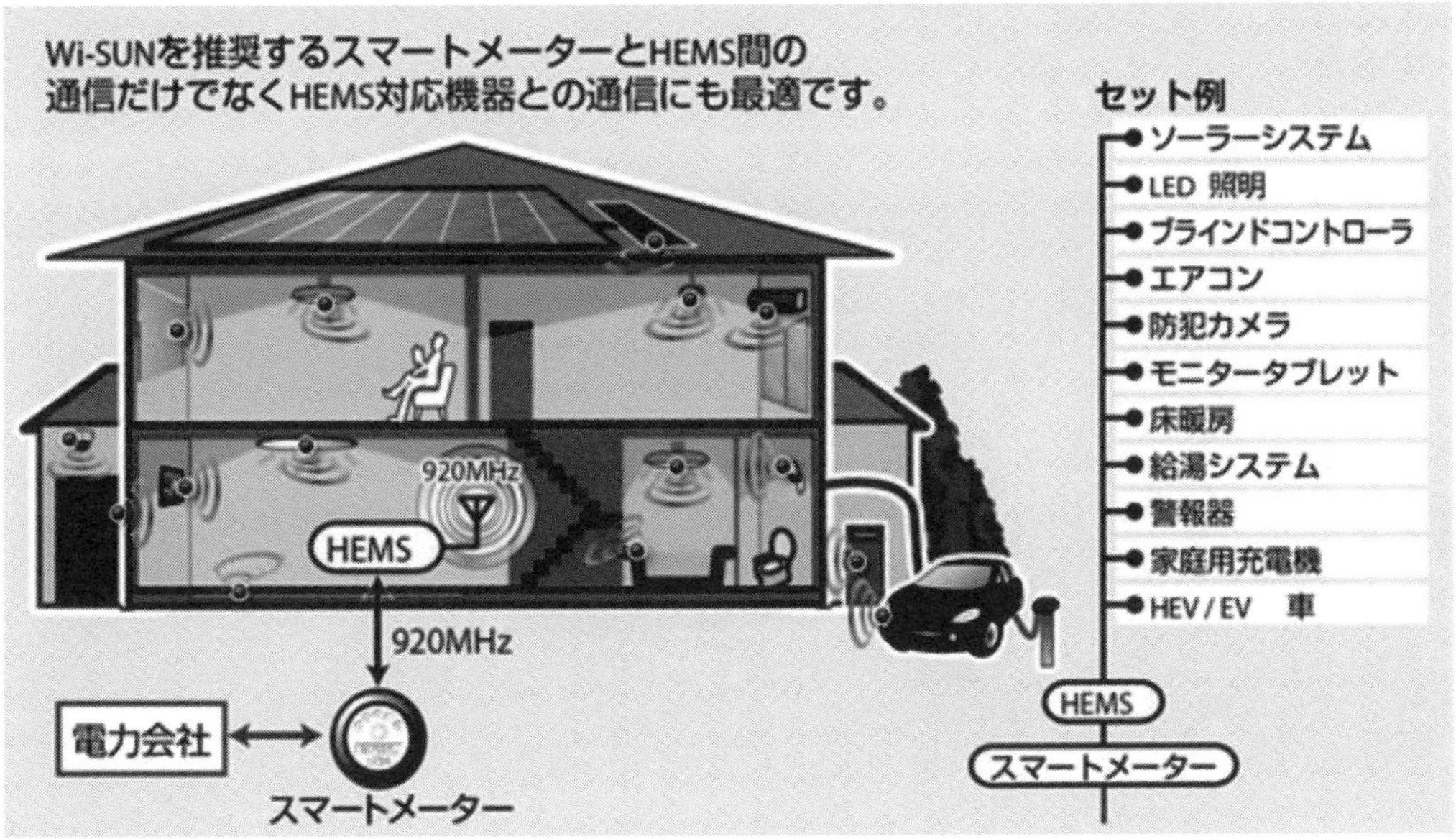

ローム株式会社 http://www.rohm.co.jp/web/japan/news-detail?news-title=2014-04-04_news&defaultGroupId

れます。スマートメーター内に携帯電話と同様のＩＣチップを入れて、携帯電話基地局とメーターの間で直接通信をします。

九州電力は「郡部の多い九州においては、設備投資、スマートメーター早期導入対応面からも直接無線方式が有利」として、携帯電話方式をＡルートのメインの通信方式としました。人口カバー率が約九〇％と高く通信料金が安いＷｉＭＡＸ（ワイマックス）の電波を採用しています。(3)

東京電力の携帯電話方式のスマートメーターは、ドコモの第三世代（３Ｇ）携帯電話の電波を利用しています。

（１）東京電力「スマートメーター仕様策定・調達に関わる取組概要について」二〇一三年九月一一日。
（２）中嶋好文東京電力スマートメーターオペレーションセンター所長「東京電力におけるスマートメーターシステムの概要」二〇一六年三月二三日講演。
（３）九州電力「スマートメーターの原価算入について」二〇一三年一月一〇日。

スマートメーターからの電波

無線通信を行うスマートメーターから、どれくらいの出力でどのような電波がどのような頻度で出ているのかは表2―3の通り、ほとんど非公開です。各電力会社は非公開の理由を「セキュリティ」と言っていますが、公開した場合どのようなセキュリティ上の問題があるのかを質問しても、答えません。[1]

Aルートの電波の強さを計算してみました（表2―4。計算値はあくまでも一つの目安です。そもそも電力会社が諸データを公表すべきです）。計算値はメーターの周囲に何もない場合の値です。もちろん、現実にはそういう状況はあり得ません。壁などの障害物があれば電波は弱くなります。一方、電波は反射したり障害物を回り込む性質もあります。さらに、自宅だけでなく、近所のスマートメーターもあります。複数の発信元からの電波が、反射したり回り込んで集まった結果、電波が特に強い場所（ホットスポット）ができる場合があります。

このほか、家庭内にＨＥＭＳを設けた場合、スマートメーターとＨＥＭＳの間の通信（Ｂルート）は、無線またはＰＬＣで行いますが、無線がメインの通信方法になりそうです。無線の場合は、日本が主導して世界標準規格にしたＷｉ―ＳＵＮ（ワイサン）で通信され、これにも特定小電力（九二〇㎒帯、二〇mW）の電波が用いられます。ＨＥＭＳを設置してＷｉ―ＳＵＮで通信する場合、Ａルート、Ｂルートの双方から電波が発生することになります。

加えて、HEMSに対応したエアコン、冷蔵庫、照明などの家電や、ソーラーシステム、電気自動車などを購入し、HEMSとそれらとの間でも無線通信を行えば、家じゅうが電波だらけになります（図2―5）。

（1）電磁波問題市民研究会「スマートメーターで東電と会談」。http://dennjiha.org/?page_id=10827

コンセントレーターに近いほど増える電波

無線マルチホップ方式の場合、一基のコンセントレーターに数百台分のメーターのデータが集められます。

集めるデータは、一時三〇分時点での積算値、二時〇〇分時点での積算値――というように三〇分おきの積算データですが、各メーターがデータを送信するタイミングは、毎時〇〇分と三〇分であるとは限らず、メーターごとにずらして設定されています(1)。「全戸」分のメーターのデータ量は膨大なため、一斉に送信すると、受信側の処理が追いつかないからです。

バケツリレー方式でデータを受け渡すのですから、コンセントレーターから最も遠いメー

図2－6　無線マルチホップの電波送信イメージ

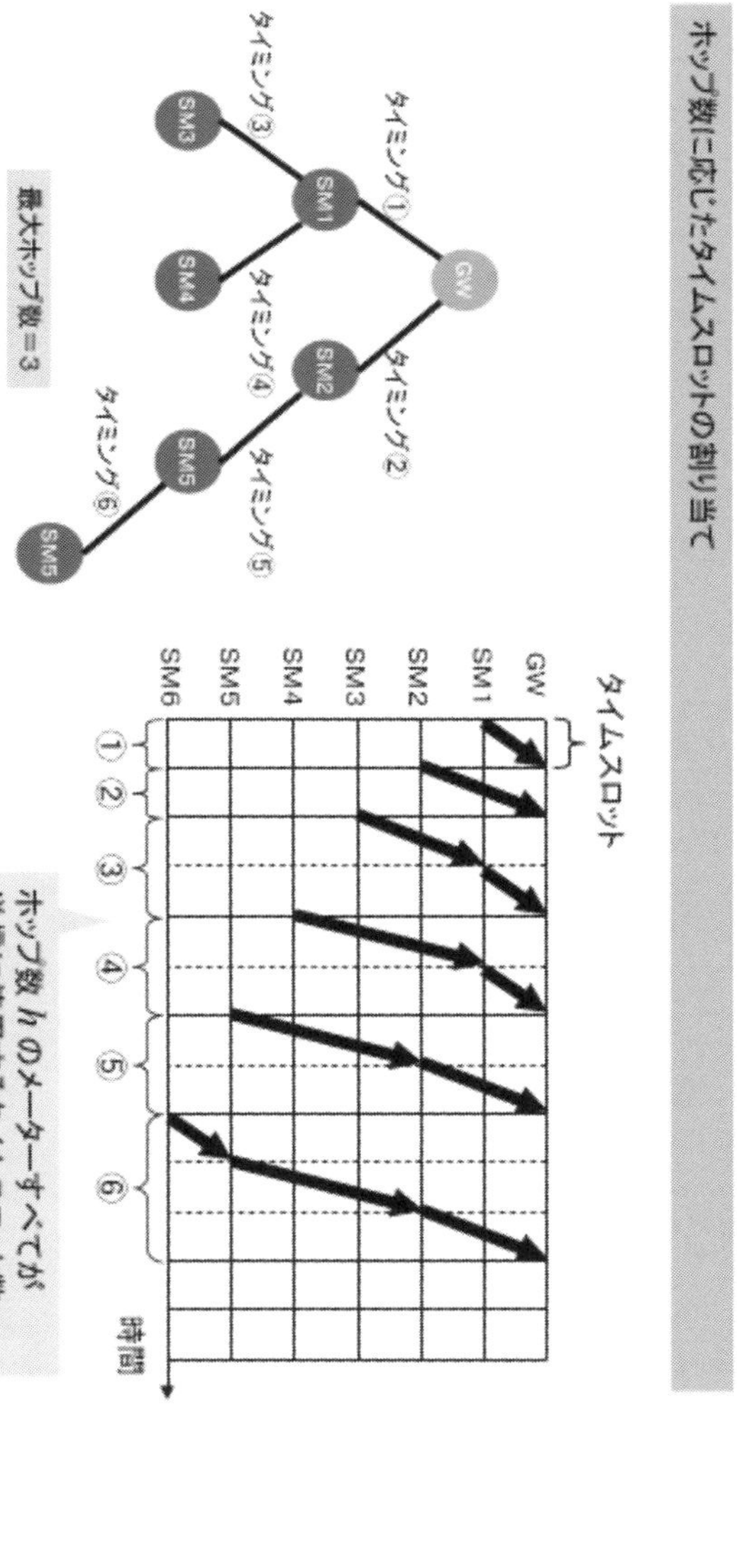

日立製作所「マルチホップ無線ネットワーク技術」http://www.hitachi.co.jp/rd/portal/contents/story/ami_wirelessnetwork/

ターは自分のデータを隣りのメーターへ送信するだけですが、コンセントレーターに近いメーターほど、通信頻度は増えます。コンセントレーターにもっとも近いわずか数台のメーターは、自分のデータだけでなく、エリア内にある数百台分のデータを分担して送信しなければなりません。それだけ電波は増えます。

図2―6で言うと、コンセントレーター（この図ではゲートウェイ＝ＧＷ）から遠い「ＳＭ（スマートメーター）３」、「ＳＭ４」と「ＳＭ６」は一定時間内に一回しか送信しませんが、コンセントレーターに近い「ＳＭ１」と「ＳＭ２」は、それぞれ三回も送信しています。この図のメーターは全部で六台ですが、実際は数百台になるわけです。

しかも、通信はメーターからコンセントレーターへの一方通行ではありません。メーターのファームウェア（メーターの基本的な制御を司るソフトウェア）の更新データや、通信エラーで電気使用量データを取得できなかったメーターに対して再送信を要求する信号などを乗せた電波は、コンセントレーターから目的のメーターまで、逆方向のバケツリレーで受け渡されます。

メーターの送信頻度は、双方向の通信を合わせた頻度になります。

スマートメーターと通信するためにコンセントレーターが出す電波の出力は、スマートメーターと同じ二〇mWで、携帯電話基地局（〇・五〜三〇W程度）よりはるかに弱いもので

表2―5　電波の安全などに係る数値

	電力密度	備考
日本・米国・カナダの基準値（1）	1.8GHzの場合 1000 μW/㎠ 900MHzの場合 600 μW/㎠	
ICNIRP による国際指針値、英国・フランス・ドイツ・オーストリア・スウェーデン・オーストラリア・韓国・ブラジルの基準値（1）	1.8GHzの場合 900 μW/㎠ 900MHzの場合 450 μW/㎠	
中国の基準値（1）	38μW/㎠	
ロシア・ポーランド・ブルガリアの基準値（1）	10μW/㎠	
イタリアの「注意値」（1）	9.5μW/㎠	4 時間以上滞在の建物内
スイスの基準値（1）	1.8GHzの場合 9.5 μW/㎠ 900MHzの場合 4.2 μW/㎠	
ブリュッセル（ベルギー）の基準値（1）	1.8GHzの場合 4.7 μW/㎠ 900MHzの場合 2.4 μW/㎠	電磁界曝露防護（環境事項）は連邦政府ではなく地方政府に管轄権があるとベルギー最高裁が 2009 年に判決
欧州評議会の勧告値（4）	0.1μW/㎠	
宮崎県延岡市での携帯電話基地局の電波の実測値（3）	最大値 0.1 ～ 22.0 μW/㎠	吉富邦明・九州大学教授による測定
ザルツブルク州（オーストリア）の勧告値（2）	屋外 0.001μW/㎠ 屋内 0.0001μW/㎠	
携帯電話で通話が可能な最小値（3）	0.00002μW/㎠	吉富邦明・九州大学教授による 800MHz帯での実験例

⑴　総務省「平成 25 年度電波防護に関する国外の基準・規制動向調査報告書」2014 年 3 月。
⑵　総務省「平成 22 年度電波防護に関する国外の基準・規制動向調査」2011 年 3 月。
⑶　吉富邦明・九州大学教授による講演「携帯基地局周辺の電磁波と健康被害」電磁波問題市民研究会主催 2015 年 2 月 14 日。
⑷　欧州評議会 The potential dangers of electromagnetic fields and their effect on the environment.

す。しかし、だから安全とは言えません。特に、電磁波過敏症の方の家の前にコンセントレーターが設置されれば、症状の悪化が懸念されます。電力会社はコンセントレーターを設置する際に、近隣住民に説明して理解を得るのが筋ですが、そのような対応はしていないようであり、問題です。

(1) 中嶋好文東京電力スマートメーターオペレーションセンター所長前掲講演。

電波はどれくらいなら安全か

電波による人への健康影響を防ぐために、各国は基準値を設けています。世界保健機関(WHO)と協力関係にある国際非電離放射線防護委員会(ICNIRP)が定めた国際指針値を、多くの国(英国、韓国など)が採用しています(表2―5)。日本や米国などは、国際指針値よりも若干緩いですが、ほぼ国際指針値と同等です。これに対して、中国、ロシア、ベルギー(ブリュッセル)などは、国際指針値よりも一~二桁低い数値で規制しています。このような国・自治体による規制値の大きな違いは、電波の「非熱作用」をどう評価するかの違いを反映しています。

強い電波に曝露されると、温度が上昇します。電子レンジは、その作用を利用しています。温度が上がる「熱作用」による健康影響を防ぐために、体温を一℃上昇させる電波の強さを見積もり、それに五〇倍の安全率をかけて決めたのが、国際指針値です。

これに対して、非熱作用とは、熱作用が発生しない程度の、より弱い電波であっても、長期間繰り返し曝露されることによって起こる作用です。電磁波関連疾患の治療、研究に携わる医師、研究者らが連名で、非熱作用が、がん、神経変性疾患、不妊、電磁波過敏症を引き起こすと報告しています(1)。

非熱作用を疑わせる科学的証拠はそれなりに強いと考える国や自治体は、予防原則の考え方から、国際指針値より厳しい規制値を採用しています。

スマートメーターの電波の強さの計算値（表2―4）と、表2―5を見比べると、ブリュッセルの基準値、欧州評議会（後述）の勧告値、ザルツブルク州の勧告値をそれぞれ上回る電波を、日本のスマートメーターが出し続けている恐れがあります。

一方で、非熱作用による健康影響に否定的な研究報告もあり、ＩＣＮＩＲＰは非熱作用の妥当性は低いとして、非熱作用による健康影響防止を考慮しない国際指針値としました。前述の通り多くの国が、この国際指針値を自国の規制値に採用しています。

（1）Igor Belyaev et al. EUROPAEM EMF Guideline 2015 for the prevention, diagnosis and treatment of EMF-related health problems and illnesses. Reviews on Environmental Health, 2015; 30（4）: 337-371.

海外では電波へ対策

多くの国は、日本とほぼ同じ水準の国際指針値を、自国の規制値に採用していると述べました。しかし、ほとんどの国は、日本とは違い、規制値を厳しくすることとは違う方法で電波を規制したり、または電波への警戒を市民へ呼びかけています。電波に対してほぼ無警戒なのは、日本だけではないでしょうか。

たとえば、英国保健省は携帯電話についての啓発リーフレットを二〇一一年三月に作成。携帯電話の長期的使用による健康影響はまだ不明で、より多くの研究を必要としていること、また、一〇代の子どもの神経系は発達途上であることなどを指摘したうえで、一六歳未満の若者は重要な目的に限って携帯電話を使うことを勧め、また、電波が気になる人はハンズフリー・キットやメールの活用によって曝露を減らせることを知らせています[1]。

また、フランスでは二〇一五年一月、新しい法律が成立し、保育所での無線ＬＡＮ（Ｗｉ−Ｆｉ）使用が禁止され、携帯電話の広告に（イヤフォンのような）頭の被曝を減らす装置に

ついての推奨を含めることが義務付けられました。(2)

欧州評議会は二〇一一年五月、電磁波について「送電線の超低周波電磁波であれ、レーダー、通信、モバイル・テクノロジーに利用されている高周波電磁波であれ、公の規制値を下回るレベルの曝露でも、植物、昆虫、動物だけでなく人にも潜在的な非熱的生物作用を多かれ少なかれ与えるように思われる」として、予防原則に従って、国際指針値よりはるかに低い〇・一μW／cm²以下に規制すべきだと提唱しました。(3) 欧州評議会は、人権、民主主義、法の支配の分野で国際社会の基準策定を主導する汎欧州の国際機関で、各種条約策定、専門家会合開催、国際問題などに関する勧告・決議採択などに取り組んでいます。日本もオブザーバーとして参加しています。(4) 欧州評議会の勧告は各国への強制力はありませんが、欧州での電磁波問題への高い関心がうかがわれます。

（1）英国保健省　Mobile phone and base stations　Health advice on using mobile phones.

（2）Wifi banned from nurseries in France. http://www.powerwatch.org.uk/news/2015-02-05-france-wifi-restrictions.asp

（3）欧州評議会　The potential dangers of electromagnetic fields and their effect on the environment.

（4）外務省「欧州評議会（Council of Europe）の概要」http://www.mofa.go.jp/mofaj/area/ce/gaiyo.html

健康影響事例と比較すると

ＫＤＤＩが宮崎県延岡市の三階建てマンションの屋上に携帯電話基地局を二〇〇六年一〇月に設置した後、周辺住民に耳鳴り、肩こり、不眠、頭痛などの様々な症状が出始めました。二〇一〇年に地元自治会が周辺五五〇戸を対象に調査したところ、回答した二六五戸のうち一〇二戸の一六二人が「基地局ができてから症状が出た」または「症状が悪化した」と答えました。住民三〇人が基地局操業差し止めを訴えて裁判を起こしました。この裁判で証言をした吉富邦明・九州大学教授（環境電磁工学）が測定したところ、この基地局周辺の電波の強さは最大値で〇・一～二二μW／㎠でした（表2—5）。スマートメーターの電波の強さの計算値（表2—4）はこの範囲に入っているので、スマートメーターの電波は問題がないと決めつけることはできません。

ちなみに、吉富教授が実験したところ、わずか〇・〇〇〇〇二μW／㎠で携帯電話の通話が可能でした（表2—5）。これを踏まえて、吉富教授は「携帯電話基地局周辺の電波は不必要に強い」と指摘しています。電波は便利ですが、健康を守るために、電波の使い方を考え直すべきです。

ＰＬＣ方式の電磁波

集合住宅などで採用される場合もある、スマートメーターのＰＬＣ方式は、有線通信なので電波（高周波電磁波）を出しません。しかし、五〇Hzまたは六〇Hzの電気に乗せる信号の周波数である一五四～四〇三kHzの電磁波が配線の周囲に漏洩します。

この漏洩電磁波はどれくらいの強さなのでしょうか。各電力会社からの給付金で運営されている「電力中央研究所」の山崎健一氏によると、三相撚り線のケーブル中心から五センチの距離で最大〇・二三二μTという計算結果になるということです。[1]これが正しいとすると、各国の疫学調査が明らかにした小児白血病のリスクを増やす電磁波の強さである〇・四μTは下回っています。しかし、予防原則に基づいた電磁波対策を訴える国際研究者グループ「バイオイニシアティブ」が小児と妊婦のための居住空間について勧告している〇・一μT[2]は上回っています。

また、電磁波過敏症の方にとって安全かどうかは分かりません。

（1）山崎健一「スマートグリッドに関連した電磁界の人体防護における考慮点」電子情報通信学会技

術研究報告、第一一四巻第九三号、二〇一四年六月二〇日。
（2）市民科学研究室「『バイオイニシアティブ報告書』より『公衆のための要約』」。http://www.shiminkagaku.org/04/electromagnetic/csij-jouranl-015-bioinitiative.pdf

第三章　スマートメーターを拒否する市民

東京電力は二〇一四年四月から東京都小平市の一部地域（小川町付近）で先行的にスマートメーターを導入し、七月から都内全域で、さらに一〇月からは営業エリア全域で、スマートメーターの導入を始めました。これに伴い、筆者も運営に携わっている市民団体「電磁波問題市民研究会（電磁波研）」には、「スマートメーターへの交換のお知らせが来たが、スマートメーターに交換させたくない。どうすれば良いか」という会員からの相談が寄せられるようになりました。

また、相談があった会員から「電力会社に対してスマートメーターへの交換を拒否し続けた結果、アナログメーターに交換させることができました」という報告もいただくようになりました。

電磁波研の会報やウェブサイトでそのような情報を発信し、それを見た方々からも相談や報告をいただくようになりました。東京電力よりも早くスマートメーターを導入している関西電力、九州電力管内の方々や、東京電力に続いてスマートメーターを導入し始めた他の電力会社の営業エリアの方々からの相談や報告も、同じころから増え始めました。

大手マスメディアはスマートメーターの問題についてほとんど報じませんが、週刊誌『週刊金曜日』や、月刊誌『建築ジャーナル』、婦人民主クラブ『ふぇみん婦人民主新聞』、日本消費者連盟『消費者リポート』などが、スマートメーター問題を取り上げています。

スマートメーターを拒否したいという市民は少なからずいるのです。

市民団体が東電へ質問書（二〇一三年）

東京電力がスマートメーター導入を開始した日から、さかのぼること九カ月の二〇一三年七月、東京電力は「スマートメーター推進室」を新設し、スマートメーター導入へ向けて本格的な準備を始めました。これを受けて、電磁波研は同年七月二三日付で東京電力社長宛に「質問・要望書」を送付しました。これに対して、東京電力スマートメーター推進室の担当者名で八月二一日付の回答が届きました。この回答で説明が不十分だった内容について、電磁波研は一〇月二八日付で再質問の書面を送付し、一一月二七日に東京電力から再回答がありました。[1]

1　通信頻度

電磁波研は七月の質問・要望書で「スマートメーターが通信を行う頻度、時間」について質問するとともに「無線マルチホップの場合、コンセントレーターとの距離が近いスマートメーターは、その距離が遠いものと比較して、相対的に通信の頻度、時間が増えるという理解でよろしいでしょうか?」とも質問しました。

すでに本書で述べている通り、コンセントレーターに近いメーターほど通信頻度が増え、したがって通信している時間も長くなることは理論上からも言えますが、電力会社自身が説明すべきことであると考え、質問しました。

この質問に対する東京電力の八月の回答は「大変申し訳ございませんがセキュリティの観点から回答は差し控えさせて頂きます」というものでした。

電磁波研は一〇月の再質問の書面で、通信頻度などについて公表した場合に「セキュリティに係るどのような問題が発生する恐れがあるのか、具体的にお示しください」と要求しました。

東京電力はこれに対して一一月の回答で「スマートメーターの通信はお客さまの電力使用量等、重要な情報を送信していることから、万全なセキュリティ対策を講じていく予定です。前回ご質問頂いた通信方式の詳細な仕様に関しましては、セキュリティ対策に万全をきす観点から社外非開示としております。今回追加で頂いた、『セキュリティに係るどのような問題が発生する恐れがあるのか、具体的に示す』というご質問に関しましても、同様に、セキュリティ対策に万全をきす観点から、回答は差し控えさせて頂きます」と回答しました。

2　電波の測定調査

電磁波研は七月の東京電力社長への質問・要望書で「御社が導入しているスマートメーターからの電波の強さの測定調査をしていますか？　している場合は、その調査結果及び結果に対する貴殿のお考えをお示しください。調査をしていない場合は、調査の実施を求めます」との質問および要求をしました。

東京電力は八月の回答書で「国の定める基準（電波防護指針）に基づき、人体や電気機器類に影響を及ぼすことのないよう開発を進めている段階です」と答えました。

質問に対する回答になっていないので、電磁波研が一〇月の書面で回答を促したところ、東京電力は「国の定める基準（電波防護指針）に基づき、人体や電気機器類に影響を及ぼすことのないよう開発を進めている段階のため、現段階でご質問にお答えできる状況にございません。頂いたご要望については今後、対応を検討してまいります」と答えました。

3　健康影響

電磁波研は七月の書面で「国内及び海外におけるスマートメーターによる健康影響の訴えについて、調査をしていますか？　している場合は、その調査結果及び結果に対する貴殿のお考えをお示しください。調査をしていない場合は、調査の実施を求めます」とも求めました。

東京電力は八月の回答書で「米国カルフォルニア州などでの申し立てに関する事例等、海外事例を幅広く収集しており、今後も継続して情報を収集していきたいと考えております」と答え、カリフォルニア州などでの健康被害の訴えについて承知していることを認めました。

さらに電磁波研は一〇月の書面で「御社が収集した幅広い『海外事例』について、需要家の安全、安心のため、差し支えない範囲でご公表ください。また、それらの事例収集結果に対する『貴殿のお考えをお示しください』との質問へご回答いただいておりませんので、ご回答をお願いいたします」と求めました。

これに対して東京電力は「『海外事例』につきましては、当社が公表する立場にないことから、回答は差し控えさせて頂きます。『海外事例に対する当社の考え』につきましても同様に回答は差し控えさせて頂きます」と、これも回答拒否でした。

4　有線による通信

電磁波研は七月の書面で「スマートメーターと電力会社側との間の通信は、電波でなく有線で行う仕様にしてください」と要求しました。

東京電力は八月の回答書で「通信方式の選定に関しましては、意見公募等のプロセスを経て進めてまいりましたが、今後も、人体や電気機器類に影響を及ぼすことのないよう十分に配慮して対応してまいります」と回答しました。

電磁波研は一〇月の書面で「『人体や電気機器類に影響を及ぼすことのないよう十分に配慮』とは、具体的にどのような『配慮』を行うお考えですか？」と質しました。

これに対して東京電力は「『十分な配慮』とは、国の定める基準に基づきスマートメーターの開発を進めることを指します」と答えました。

電磁波研は、スマートメーターを導入するのであれば、電磁波の問題がない光ファイバーなどで通信すべきであると考えています。

しかし東京電力は、カリフォルニア州などの事例を承知しているにもかかわらず、初めから電波ありき、の姿勢でした。

5　交換の事前通知

電磁波研は七月の書面で「スマートメーターへ交換する際、需要家には、事前に通知されているのでしょうか？　また、通知されている場合は、どのような内容でしょうか？　また、スマートメーターが電波を送受信することは通知内容に含まれていますか?」と質問しました。

東京電力は八月の回答書で「スマートメーター取替工事の約一週間前には、周知チラシ等により事前通知いたします。事前通知の内容としては、取替工事の概要、スマートメーターの機能説明等を予定しております」とのみ回答しました。

電磁波研は一〇月の書面で「『スマートメーターが電波を送受信することは通知内容に含まれていますか?』との質問へご回答いただいておりませんので、ご回答ください」と促しました。

これに対して東京電力は「周知チラシを配布する事は確定しておりますが、スマートメーターの機能の説明内容については、現在検討中です。この為、頂いたご質問に対して、現段階で明確にお答えする事はできません」と答えました。

6　スマートメーター拒否の権利

電磁波研は七月の書面で「従来のメーターからスマートメーターへの交換を希望しない需要家には、交換を拒否できることとしてください」と求めました。

東京電力は八月の回答書で「現時点で具体的な対応方法は決まっておりませんが、今後、お客さまのご要望等をふまえて対応を検討してまいります」と答えました。

電磁波研は一〇月の書面で「『具体的な対応方法』について、いつまでにどのような手続きを経て決めるのですか？」と質しました。これに対して東京電力は「時期及び、手続きにつきましては、今後、社内検討の上確定していきたいと考えております」と答えました。

7　意見交換の場の設定

電磁波研は七月の書面で「以上の質問、要望及び関連事項について、貴殿又は担当の方と当会との意見交換の場の設定を求めます」と要求しました。

東京電力は八月の回答書で「まずは本回答書の内容をご確認頂きますようお願い申し上げます。なお、ご不明な点については、大変お手数をおかけいたしますが、改めてお問い合わせ頂きますよう重ねてお願い申し上げます」と答えました。

電磁波研は一〇月の書面で「御社から前回いただいた回答で明らかな通り、書面による方法では『回答漏れ』がかなりの頻度で発生します。ぜひ、貴殿又は担当の方と当会との意見交換の場を設定してください」と重ねて求めましたが、東電はやはり拒否の回答をしてきました。

（1）電磁波問題市民研究会「スマートメーターに係る質問及び要望書」。http://dennjiha.org/?page_id=7432

市民団体が東京電力と会談（二〇一四年）

電磁波研との意見交換の場の設定を東京電力は拒否していましたが、電磁波研が再三にわたって要求した結果、二〇一四年三月二六日に東京電力本社にて会談が実現しました[1]。東京電力スマートメーター推進室から二名、電磁波研から三名が参加しました。電磁波研と実際に話をした東京電力の担当者はI課長代理で、もう一人は記録担当のようでした。

スマートメーターの通信頻度などを公開しないことについて電磁波研は、「電磁波による健康影響を訴えている人たちが現実にいます。コンセントレーター近くでは通信頻度が多いように思われますが、そういう情報があれば、電磁波に悩んでいる人たちが対策をとることができます」などと説明し、公表へ向け社内で再検討するよう強く求めました。

また、スマートメーターからの電波を測定するよう電磁波研が求めてきたことについて、I課長代理は「社内で検討をしてきましたが、測定してデータを示して電波防護指針を守っていることの理解を得ていく」と述べ、測定を実施する方針であることを初めて示しました。

スマートメーターの通信を有線で行うべきとの要求については、I課長代理は「幅広く意見を公募したプロセスで決めており、場所によって最適な方法をとります。電波を使いますが人体や電気機器に影響を及ぼさないように配慮をしていきます」と説明し、電波ありきの姿勢を崩しませんでした。

スマートメーターへの交換を需要家に事前に通知するチラシに電波を出すことを含めるのかと電磁波研が質問してきたことに対して、I課長代理は「その後の検討により、まだ最終確定ではありませんが、電波などを使って通信するという内容は入れる方向です」と初めて答えました。後日、電磁波研が入手した実際のチラシには「スマートメーターとは、携帯電話等の電波を活用した遠隔での検針（略）などに対応可能な電力量計です」と書かれており、この点について東京電力は電磁波研との約束を守ったようです。このような交換を事前に通知するチラシ（電力会社によってはハガキ）の中で「電波」について触れていない電力会社もあります（中部電力など）。

また、スマートメーターを拒否したい需要家は拒否できるはずという確認について、東京電力は「四月からスマートメーターを一斉に関東一円に広げていくのではなく、まずは一部地域で設置をしていくことを考えています。その中で、いろいろな声を収集しながら、検討させていただきます」と答えました。この一部地域とは、前述の通り東京都小平市のことです。スマートメーターを拒否する需要家に、ある程度柔軟に対応していく可能性を読み取ることもできなくはない、この日の東京電力の言い方でしたが、その後の東京電力の対応は、需要家たちを落胆させるものでした。

（1）電磁波問題市民研究会「スマートメーター　東電、経産省、総務省と会談」http://dennjiha.org/?page_id=7706

市民団体が東電へ質問書、再びの会談（二〇一五年）

電磁波研が東京電力と会談してから一年後の二〇一五年三月二四日、電磁波研は、スマートメーターについての質問及び要望書を東京電力社長宛に提出しました[1]。この一年間は東京電力が小平市を皮切りに営業エリア全体でスマートメーターの導入を開始し、スマートメーターについて会員などから電磁波研へ相談や報告が来るようになった時期です。会談で投げかけていた要求について、この一年間の東京電力の検討状況を確認する意味も込めて、質問及び要望書を提出したのです。東京電力からは四月二三日に回答があり、電磁波研は五月二九日に再質問の書面を提出しました。

電磁波研は東京電力に対して再び会談を持つよう要求。東京電力はやはり拒否していましたが、電磁波研の再三の要求に対して応じる姿勢を見せました。しかし、七月から東京電力でスマートメーターによる三〇分ごとの検針がスタートし、たいへん忙しいとの理由から、会談は一〇月二九日にずれ込みました（写真3―1）。場所は東京電力本社で、前回と同様、スマートメーター推進室のI課長代理らが対応しました。

1　通信頻度

「スマートメーターが通信を行う頻度、時間」および「無線マルチホップのコンセントレーターとの距離による通信頻度などの違い」について、電磁波研は三月の質問・要望書であらためて質しました。東京電力は四月の回答書で、これまでと同様に「セキュリティ」を盾に回答を拒否しました。

五月の再質問書面、十月の会談で重ねて情報公開を求めましたが、東京電力の姿勢は変わりませんでした。

2　携帯電話方式の出力

携帯電話電波を利用して通信する方式のスマートメーターについて、その周波数、出力、及び通信頻度を電磁波研は三月の書面で質問しました。東京電力はこれに対しても「セキュリティの観点から回答は差し控えさせて頂きます」との回答でした。
再質問、会談でも、同じ答えでした。

3　電波の測定調査

二〇一四年の前回会談の際、東京電力が「スマートメーターの電波の測定をしたい」と明言していたため、その測定調査結果を示すよう電磁波研は三月の書面で要求しました。東京電力は四月の回答書で「測定を実施し、国の定める基準の範囲内である事を確認しております」と答えました。

電磁波研は五月の書面で、測定の詳しい内容（測定条件、測定値等）を示すよう求めました。一〇月の会談でI課長代理は「スマートメーターの実際の設備について測定しました」「国の定める指針以下であることを確認しました」とのみ説明し、測定値などはやはり「セキュリティ」を盾に公表を拒みました。I課長代理は逆に電磁波研に対して「測定値をお聞きになって、どう活用されるおつもり？」と質問。電磁波研は「国の基準値より下の電波でも具合が悪くなるという人が現実にいるからです」などと説明しました。このことは電磁波研から東京電力へ、それまでにも何度も伝えているはずでした。加えて、電磁波研が「自分の生活環境に、今までなかった未知の物が入ってくるわけなので、それがどういうものか知りたいと思うのが普通だと思わないですか？」と質問しましたが、Ｉ課長代理は「う〜ん、未知の物……」とつぶやくばかりでした。

4　健康影響

電磁波研は三月の書面で「国内または御社管内における、スマートメーターによる健康影響の訴えを把握されていますか？　把握されていましたら、その状況をお教えください」とも質問しました。東京電力は四月の回答書で「電磁波による健康影響に関するお問い合わせがあることは把握しております。お問い合わせの詳細につきましては、プライバシーに関わる事から、差し控えさせて頂きます」と回答しました。

電磁波研は五月の書面で「個人名、住所等、プライバシーに関わる情報を除いたうえで、お教えください」と求めました。

会談では時間的な制約から、残念ながらこの件を掘り下げられませんでした。

5　スマートメーター拒否の権利

スマートメーターを拒否できることの確認を電磁波研が求めていることについて、東京電力は二〇一三年八月の回答書で「現時点で具体的な対応方法は決まっておりませんが、今後、

写真3―1　東京電力と交渉する電磁波問題市民研究会の大久保貞利事務局長（左）ら。2015年10月29日、東京電力本社で（撮影・筆者）

お客さまのご要望等をふまえて対応を検討してまいります」と答えていました。そこで電磁波研は二〇一五年三月の質問・要望書で「『具体的な対応方法』についての、その後の『検討』状況をお教えください」と求めました。東京電力は四月の回答書で「今後、すべての計器がスマートメーターに置き換わる事をご説明し、原則として、スマートメーターへの取り替えをお願いする事としております」と答えました。

電磁波研は五月の書面で「『お願い』に対して拒否した需要家に対して、スマートメーターへの交換を強制しないでください」と求めました。

一〇月の会談で、電磁波研が「スマートメーターの設置は強制すべきものではないですよね」と確認を求めたところ、I課長代理は「スマートメーターを設置させていただくという方針をご説明させていただき、ご納得いただけるように努めます」と回答。「納得できなかった人には強制しないで」と求めても、東京電力は「説明して納得していただくよう……」と同じ文言をひたすら繰り返しました。一方で、さすがに「強制します」とはI課長代理は言いませんでした。

この日の会談に参加した電磁波研会員の方は「東京電力が『納得していただくよう説明します』と言っているわりには、今日も具体的な数値などは何も出てこない。これでは全然納得できない」と感想を述べていました。

市民団体が東電以外の各電力会社へ質問書

電磁波研は二〇一四年三月に、東京電力以外の全国九電力会社の社長宛へも質問・要望書を送りました[1]。

（1）電磁波問題市民研究会「スマートメーターに係る質問及び要望書」。http://dennjiha.org/?page_id=10830

1　通信方式とその割合

各社の設置済みスマートメーターおよび今後の設置計画における通信方式の割合については、中部電力が「無線マルチホップ＝九四・三％、1：N無線＝五・五％、PLC＝〇・一％程度になると考えています」と具体的な数値を示しました。関西電力は、設置済みおよび今後の設置計画とも無線マルチホップが約九割、PLCが約一割と回答。四国電力は設置済みについて無線マルチホップが九五％、1：N無線が五％で、今後については検討中。九州電力は設置済みについて無線方式（特定小電力）が約四九万台中の約四二万台（八六％）、PLCが残り約七万台（一四％）。北海道電力、東北電力、北陸電力、中国電力、沖縄電力は「未定」「検討中」などでした。

2　通信頻度

「スマートメーターの通信頻度・時間」と、「無線マルチホップのコンセントレーターとの距離による通信頻度などの違い」については、九州電力を除く各社が「セキュリティ」を理由に情報公開を拒みました。

九州電力は「現状の無線方式（特定小電力）は、検針員が現地でハンディーコンピュータにて検針を実施しています」として、マルチホップは行っていない旨を回答し、今後の通信方式については「適材適所の通信方式を選定するよう考えております」と述べて回答を避けました。

3　有線による通信

「スマートメーターの通信は無線でなく有線で」、との要求に対しては、各社とも似たり寄ったりの内容で、「電波法などの関係法令に基づき、人体や電気機器類に影響を及ぼすことのないよう十分に配慮して機器の選定を進めてまいります」（東北電力）、「通信方法につきましては、現在検討中ですが、人体や電気機器に影響を及ぼすことのないよう十分に配慮して対応してまいります」（中国電力）といった回答でした。

4　スマートメーター拒否の権利

さらに、スマートメーターへの交換を希望しない需要家は拒否できることとしてほしいとの要求に対しては、「お客さまからのお問合せに対しては、個別にご説明させていただく等、適切な対応に努めてまいります」（北海道電力。北陸電力もほぼ同内容）、「現時点では具体的な対応方法は決まっておりませんが、今後、お客さまのご要望等をふまえて対応方法を検討してまいります」（東北電力。中国電力、沖縄電力もほぼ同内容）、「お客さまからのご要望を踏まえどのような対応が採り得るのか、今後検討してまいります」（中部電力）、「取替を望まないお客さまにつきましては、個別にご相談させて頂き、お客さまとの協議のうえ、適切な対応に努めてまいります」（関西電力）、「現時点では具体的な対応方法は決まっておりませんが、お客さまからのお問合せに対しては、個別にご説明させていただく等、適切な対応に努めてまいります」（四国電力）、「取替を望まないお客さまへは、個別にご説明させて頂き、適切な対応に努めてまいります」（九州電力）といったものでした。各社が「お客様のご要望等をふまえ」「適切な対応」をとるという言葉を守るのであれば、少なくともスマートメーターの強制はできないはずです。

（1）電磁波問題市民研究会「スマートメーターに係る質問・要望」。http://dennjiha.org/?page_id=7724

市民団体が経済産業省と会談（二〇一四年）

電磁波研は東京電力と並行して、経済産業省資源エネルギー庁へも質問・要望書を出したり、会談しての交渉を行ってきました。二〇一四年三月一九日、資源エネルギー庁電力・ガス事業部電力市場整備課の三名と、電磁波研三名が約三〇分間会談しました[1]。説明など電磁波研とのやりとりは、K係長が担当しました。

電磁波研は東京電力への質問と同様、「スマートメーターの通信の頻度・時間」と、「無線マルチホップのコンセントレーターとの距離による通信頻度などの違い」について質問しました。K係長は「電力会社に確認したが、セキュリティの観点から、答は差し控えさせていただきたいという回答でした」と答えました。当会が「納得できない」と言うと、K係長は「われわれが問い合わせたところでは、どう電波が出るのかが分かると、そこへ向けてアタック（攻撃）しようという人が出てくる可能性があると電力会社は言っています」と説明。当会は「頻度などがわからなくても攻撃したい人は攻撃できるはず。隠す理由にはならない」と反論しました。

電磁波研はまた、国内及び海外におけるスマートメーターによる健康影響の訴えについて調査するよう求めました。

これに対してK係長は「電波については総務省のルールに基づいて作られているので、現時点では人体への危害の防止は図られているのではないかと考えています。総務省とも今後、しっかり連携して海外事例も含めて情報交換をしていきたい」と答えました。当会が「海外でいろいろトラブっていることはネットにも出ているが、それも把握していないのですか」などと質問し、経産省としても情報収集するよう訴えました。

また、スマートメーターと電力会社側との間の通信は、電波でなく有線で行う仕様にするよう各電力会社を指導してほしいと電磁波研は要望しました。K係長は「われわれとしては、法律が守られている以上、これを使いなさいと指導することはできなくて、メーターの設置環境や通信コストなど、諸々を踏まえて各電力会社のほうで決めています」と回答しました。

電磁波やプライバシーについての不安などから従来のメーターからスマートメーターへの交換を希望しない需要家には、交換を拒否できるよう指導してほしいとも電磁波研は求めました。K係長は「法律で日本は一〇年に一度メーターを取り替えなければならないので、取り替えにあたって、こういう新機能を持つメーターになっていて、交換しなければならないことを、お客さんにしっかり丁寧に説明しながら、取り替えさせていただくということ」などと回答しました。電磁波研からの反論や指摘に対しても、K係長はスマートメーターへの交換については電力会社が需要家に説明をすべきことだと繰り返すだけだったので、電磁波研が「今のところ、拒否したい場合についての対応は経産省としては検討していないという理解で良いですね」と質問すると、K係長は「スマートメーターの本格導入にあたってご指摘の点を踏まえて、どういう課題が出てくるのか、今後いろいろあるだろう中で検討したい」と答えました。

（1）電磁波問題市民研究会「スマートメーター　東電、経産省、総務省と会談」。http://dennjiha.org/?page_id=7706

市民団体が経済産業省と再び会談（二〇一五年）

電磁波研は二〇一五年五月二一日にも、経済産業省資源エネルギー庁との交渉を行いました(1)。資源エネルギー庁電力・ガス事業部電力市場整備課のSさんら二名と、電磁波研から三名が約三〇分間会談しました。電磁波研は前回の会談と同様、スマートメーターの通信の頻度・時間と、コンセントレーターからの距離との関係について、また、携帯電話方式の場合の周波数、出力および通信頻度について質問しました。Sさんは、やはり「セキュリティ」を理由に「事業者から回答は難しいと聞いています」と答えました。電磁波研からは「出力や周波数によって過敏症の方に影響が出る可能性がある」などと訴えましたが、Sさんは「総務省が規制をかけて、その中でやっているという形になっています」などと答えました。

スマートメーターを拒否できる権利の確認を前回の会談で電磁波研が求めたところ、当時のK係長は「スマートメーターの本格導入にあたってご指摘の点を踏まえて、どういう課題が出てくるのか、今後いろいろあるだろう中で検討したい」旨、回答しました。そこでこの件につき、その後の「検討」状況を質問しました。

Sさんは「国としてはエネルギー基本計画を閣議決定していて、その中で二〇二〇年代早期に全需要家にスマートメーターを導入するとなっているので、基本的にそれを目指しています」と答えました。電磁波研は「『目指』すことと強制とは違いますよね。さまざまな理由でいやだという人に強制ができる性格のものではないでしょう」などと指摘しましたが、Sさんは「基本的には全数設置を目指してやっているということになっています」と、同じ文言を繰り返すだけでした。そこで電磁波研は「現実にトラブルが起きて、私たちに相談が来ている。電力会社はウソをつく。ひどい場合だと『これは計量法という法律に基づく交換だから（スマートメーターを）拒否できない』と説明するケースがある。計量法とスマートメーターは関係ないにもかかわらず」「経産省の立場は、閣議決定にしたがって全需要家にスマートメーターを付けることを目指すということですが、それはあくまでも国民の納得が前提であって、電力会社は納得を得られるように説明すべきであり、いやしくも、ウソをついたり強制することがあってはならないのでは？」とたたみかけると、Sさんは「それは、おっしゃる通りだと思います。計量法で定められているのは、一定の期間がたったら取り替えることでしかなく、法律に基づいてスマートメーターを付けるということにはなってない」と述べました。

（1）電磁波問題市民研究会「スマートメーターで経産省と意見交換」。http://denjiha.org/?page_id=10623

アナログメーター存続を求める署名五〇〇〇筆超を提出

自宅へのスマートメーター設置で電磁波過敏症が悪化した東麻衣子さん（第二章参照）は、電磁波過敏症やスマートメーターの危険性を多くの人々に知ってもらおうと、二〇一五年二月に「アナログメーターの存続を望む会」を立ち上げ、署名運動を始めました。署名は、「（一）アナログ式電気メーターの提供を継続してください」「（二）スマートメーター導入前の明確な通知と発生する電波の説明、住民による選択権を確保して下さい」の二点を経済産業大臣に求める内容です。

同会は二〇一六年四月一五日に、手書きの署名とウェブ署名の合計五三七〇筆を提出しました（写真3—2）。署名とともに、スマートメーター設置で電磁波過敏症が悪化した方々やスマートメーターに不安を感じている方々が自分の症状などを切々と訴えた手紙のコピーも提出しました。

写真3―2　署名を提出する「アナログメーターの存続を望む会」の東麻衣子さん(左)。2016年4月15日、経済産業省で(撮影・筆者)

提出には、東さんら電磁波過敏症発症者二名と、電磁波研から二名、仁比聡平参議院議員の秘書の方が同席し、署名提出後、経産省の担当者と約一時間話し合いました。経産省の担当者は、電磁波研が二〇一五年一〇月に交渉した相手と同じ、資源エネルギー庁電力・ガス事業部政策課電力市場整備室のSさんでした。

東さんは、スマートメーターを設置されたことを知らない時点で具合が悪くなった自分の経験を述べて「思い込みでも、気のせいでもないです。スマートメーターの電波は国の基準を守っているということですが、基準値以下でも反応する人がいることを理解していただきたい。頭痛やめまいを起こす商品を全国に設置するのはいかがなものかなと思っています。ぜひともアナログメーターを残していただきたいです。すべてのスマートメーターをやめてほしいと本当は言いたいところですが、せめて自分の家だけでも電磁波から体を守りたいのです」と訴えました。

これに対して、経産省のSさんは「法令の範囲の中で守る必要がある基準にのっとったものを各電力会社が付けていくということをやっていて、それが『問題あるか』と我々が問われれば、『問題あるとは思っていません』というのが答です」「健康被害があるかないかということについては、基準を守ってやっている中で、問題があるとは思っていません」などと被害を訴えている当事者を前に繰り返し、参加した過敏症の方が思わず「なぜですか！」と怒る場面もありました。

「なぜアナログメーターではだめなのですか」「一例の例外も認めないのですか」などの質問にも「例外を認めるとか認めないとかではなく、二〇二〇年代早期までに全事業所、全家庭にスマートメーターを設置するという目標を政府が掲げていて、それを踏まえて各電力会社が対応しているところです」などと「壊れたレコードのように」（東さん）繰り返すのみでした。

参加者は、スマートメーターで被害が出ているので基準値を見直すこと、見直しに向けて被害を受けている当事者の声を聞くことを総務省の電波基準の担当者に伝えるようSさんへ求めました。また、スマートメーターを全世帯に設置するという閣議決定を見直すよう経産省内で検討することも要求しました。

黙っていれば、勝手にスマートメーターに

電気メーターは、正確に計量できることを確保するために、有効期間を過ぎたものの使用の禁止が計量法という法律で定められています。電気メーターの有効期間は一部を除き一〇年です。メーターの有効期間の終了が近づいてくると、電力会社から交換を通知するチラシ、またはハガキなどが届きます。

電磁波研や署名を提出した「アナログメーターの存続を望む会」に対する経済産業省、電力会社の説明の通り、スマートメーターを市民に強制するとあからさまには口にしないものの、すべての電気の需要家に対してスマートメーターを設置するという国の方針のもと、電力会社から来るメーター交換通知は、すなわちスマートメーターへの交換を意味することがほとんどです。

東京電力のチラシには、スマートメーターへ交換することが明記されており、「スマート

メーターとは、携帯電話の電波等を活用した遠隔での検針（略）に対応可能な電気メーターです」と書かれ、電波が出ることを示しています。これに対して、電磁波研に会員の方が寄せてくださった情報によると、中部電力からのハガキは、スマートメーターへ交換することは書いてありますが、電波が出るとは書いていませんでした。

さらに問題なのは関西電力で、東麻衣子さんの例では、メーター交換の通知はありましたが、そこに「スマートメーター」とは書かれていなかったとのことです。まさにだまし討ちです。

これまで見た通り、スマートメーターが自分たち家族の生活を監視する道具になり得ること、また、発がん性などが疑われる電波を出すことから、引き続き従来型のアナログメーターを使いたいという方々がいます。かく言う筆者もそうです。また、電磁波過敏症の方が症状を改善するためには電磁波曝露を避けることがもっとも大事なのに、自分の家にわざわざ電波発信装置を設置されることは死活問題です。

通知が来た時に何もしないでいると、スマートメーターに替えられます。図3―1は、東京電力がスマートメーターへの交換を通知するチラシですが、「お客さまにご在宅いただかなくても、取替工事をさせていただいております。」と書いてある通り、留守にしていてもメーター交換は勝手に行われます。

スマートメーターではなく、アナログメーターへの交換を希望したい場合には、すぐにチラシなどに書いてある電話番号へ連絡して「スマートメーターへの交換を拒否します。アナログメーターに交換してください」とハッキリ要求する必要があるのが現状です。

要求した場合、電力会社側がアナログメーターへの交換に応じるかどうかは、これまで電磁波研にお寄せいただいた報告によると、まちまちです。アナログメーターへの交換を拒否されたケースから、初めは拒否されたけれども強く要求した結果交換されたケース、意外にすんなりとアナログメーターに交換されたケースまであります。新築の家にアナログメーターを設置させることができたとの報告もあります。

アナログメーターに交換させることができた場合でも「今回はアナログメーターに交換しますが、次の交換のときにはスマートメーターになりますよ」と、電力会社側から告げられることも多いようです。

また、電波による健康影響の不安からアナログメーターへの交換を求めたときに「スマートメーターに交換するが、電波による通信はしない（通信機能をオフにする）」という提案を電力会社側からされるケースもあります。通信はしなくても、検針員が現地に行きハンディーターミナルで、三〇分ごとの電気使用量を一カ月分取得することはできるので、電力会社側は電気料金のインバランス料金の精算（第五章参照）に利用できます。需要家側は、電

図3―1　東京電力によるスマートメーターへの交換を通知するチラシ（一部）

TEPCO

お客さま番号：[redacted]

[redacted]

[redacted] 様

※ご入居の方の変更などにより、お名前が相違している場合もございますが、ご容赦くださいますようお願い申し上げます。

取替電気メーター　電灯用

電気メーターの取り替えにご協力をお願いします

日頃から東京電力をご利用いただき、誠にありがとうございます。

東京電力では、お客さまにお使いいただく電気を正確に計量するため、「計量法」に定められた有効期限に基づき、電気メーターの取替えを定期的に実施させていただいております。

この度、お客さまの電気メーターの取替時期がまいりましたので、下記訪問予定日に取り替えさせていただきたくご案内申し上げます。

なお、今回お客さまの電気メーターは、新しい電気メーター（スマートメーター）に取り替えさせていただきます。スマートメーターに関する情報については裏面をご覧ください。

訪問予定日　[redacted]月[redacted]日（[redacted]）

※雨天の場合は順延させていただくことがあります。

☑ 停電いたしません。
※万が一お伺い時に停電が必要となった場合は取り替え前にご相談いたします。

□ ~~停電いたします。~~
~~※5分程度の停電です。~~
~~→裏面の「停電させていただくお客さまへのご案内」をご確認ください。~~

- 取替工事に際し、費用はいただきません。（捺印やサイン等も不要）
  （東京電力の社員などを装った詐欺・窃盗、悪質な勧誘にご注意ください）
- 取替工事は電気メーター取付け場所で行い、室内に立ち入りません。
- お客さまにご在宅いただかなくても、取替工事をさせていただいております。
  ※お立会いをご希望される場合は、下記お問い合わせ先へご連絡ください。
- 取り替えた電気メーターの取外し・取付け指示数は、「取替完了のお知らせ」票にて

波の心配はなくなりますが、三〇分ごとの電気使用量を知られてしまう問題は残ります。また、初めは通信をしていなくても、いつの間にか通信を始められてしまうのではという不安も残ります。

スマートメーターをアナログメーターに戻す

スマートメーターに交換された後、スマートメーターの問題点を知ったり、健康被害が出たりしたことから、再びアナログメーターに交換するよう電力会社へ求めることにした人々がいます。電磁波研に寄せられた事例では、アナログメーターへの交換を拒否されるケース、内容証明郵便を何通も出すなどしたうえでようやく交換できたケース、第二章の東さんのように若干の交渉が必要だったケース、そして、要求したら割とすんなりと交換できたケースがあり、やはり、まちまちです。電力会社や営業所による方針の違い、あるいは、アナログメーターを要求する市民の側の交渉の態度によっても異なってくるのかもしれません。

第二章のK・Aさんのケースのように、賃貸住宅でもスマートメーターをアナログメーターに交換できた例もあります。

電力会社のウソ

スマートメーターを拒否してアナログメーターへの交換を要求した場合に、電力会社側はいろいろと述べて、需要家を言いくるめようとします。たとえば「メーターの交換は義務です」と言うことがあるそうです。先に述べたように一〇年の有効期間内に交換することは法的義務ですが、スマートメーターへ交換すべき義務はありません。消費者には知識がないだろうと、わざと間違えた説明をする、悪質なケースです。

また、「アナログメーターは製造していないので、在庫はない」というのは、電力会社側の常套句です。第二章の東麻衣子さんも、最初はそう言われました。これは本当でしょうか。「日本電気計器検定所」という会社があります。これは日本電気計器検定所法という法律に基づいて設立された経済産業省所轄法人で、メーターの構造が基準を満たしているかをチェックする「型式承認」や、メーター一台ずつについて電力量を正しく量れるかを調べる「検定」などを行う会社です。同社の広報誌『くらしと検定№3』（二〇一一年六月）には、アナログメーターについて、以下の通り書かれています。

「期限が切れた電気メーターは、その多くが再利用されています。オーバーホール（分解、洗浄、部品交換）をして、その後検定を受け、合格したものだけが再度検定有効期限まで使用されます」「一般家庭の電気メーターはトータルで三〇年程度使用されることになります」。

メーターは有効期間の一〇年以内に交換されますが、アナログメーターの寿命は一〇年よりも長いので、一部は再利用が可能です。たとえ製造中止になっても、ただちにアナログメーターがなくなってしまうわけではないのです。

一方で、新品のアナログメーターは、電力会社が言うように「製造中止」されたのでしょうか。すべての新品電気メーターは、メーカーで自主検査するか[1]、日本電気計器検定所で検定を受けなければなりません。日本電気計器検定所東京本社検定部に二〇一六年二月に問い合わせたところ、「三菱電機、大崎電気は、機械式メーターの製造を続けている」とのことでした。

（1）一九九三年の新計量法施行により、品質管理等の審査に適合した指定製造業者は自主検査を行うことができ、検定を受ける必要がない。

子メーター

国がすべての需要家の電気メーターをスマートメーターに替えようとしている中でも、ア

図3—2　親メーターと子メーター

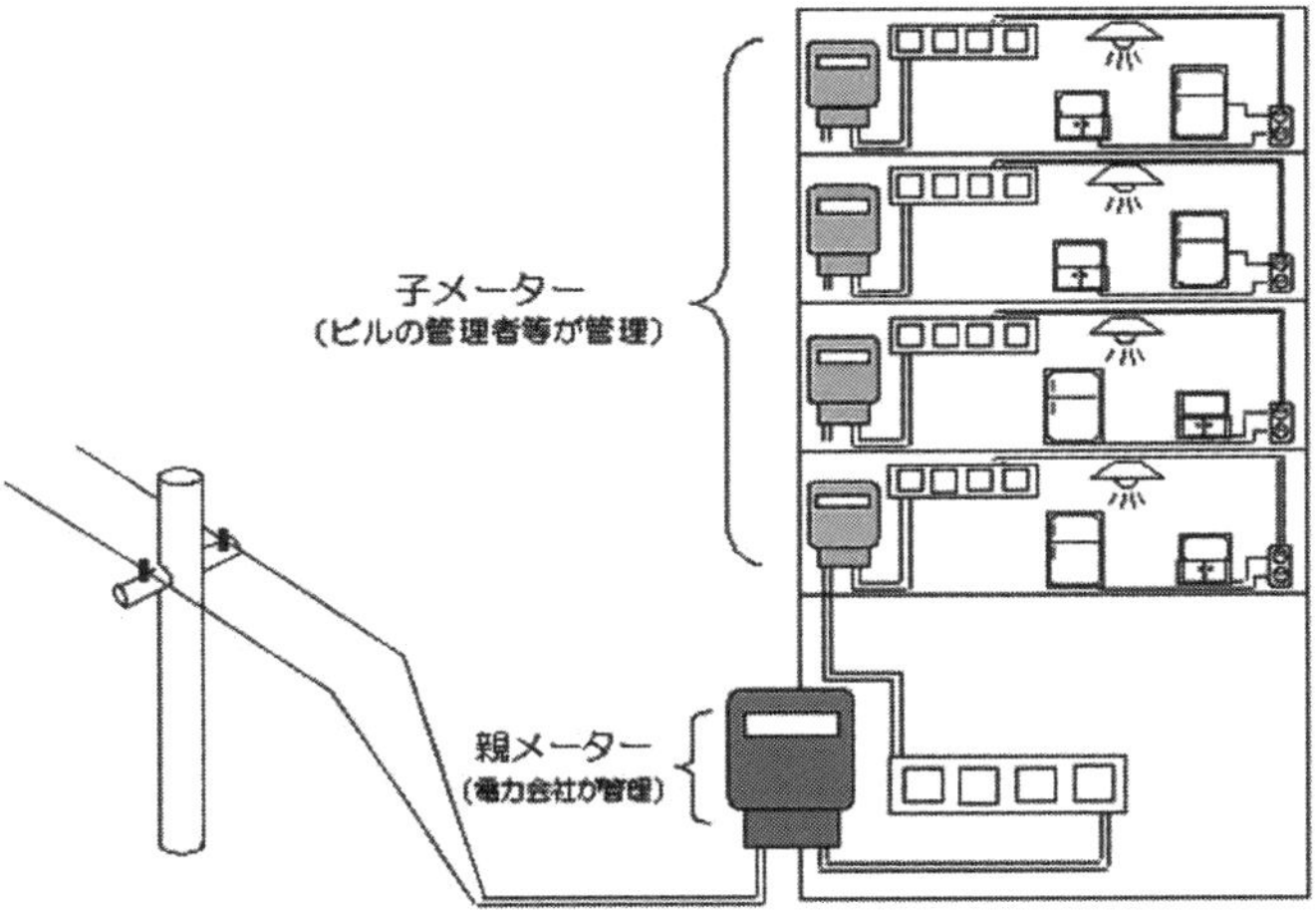

経産省関東経済産業局「証明用電気計器（子メーター）の検定について」http://www.kanto.meti.go.jp/seisaku/denkijigyo/denkikeiki-kentei/index_denkikeiki_kentei.html

ナログメーターの需要があるため、アナログメーターの製造が続けられています。主な需要は「子メーター」です。貸しビル、アパートなどでは、各室の電気メーターをすべて電力会社が検針して電力会社が直接各室へ料金を請求する所がある一方、電力会社はビルやアパート全体で使った電力量だけを検針して料金をビルやアパートのオーナー側に一括請求する所もあります。後者の場合、オーナー側が一括して支払った電気料金を各室の使用量に応じて配分して各室に請求するために用いられるメーターを子メーターといい、電力会社が検針するメーターを親メーターといいます（図3―2）。親メーターも子メーターも、モノとしては同じ電気メーターです。

子メーターも通常のメーターと同様、有効期間内の交換が法的義務です。通常のメーターは電力会社の所有物なので電力会社が交換しますし、需要家が交換時に費用を支払う必要はありません。しかし、子メーターはオーナー側が（通常は交換業者に発注して）交換しなければなりませんし、交換費用もオーナー側の負担です。第一章で示したように、アナログメーターなら新品五四〇〇円、中古二四〇〇円程度で買えるのに、スマートメーターは約一万円します。子メーターはオーナー側が検針するので、スマートメーターの通信機能は無意味です。交換業者に「アナログメーターはありません。スマートメーターを買ってください」と言われたら、オーナー側は「無駄金を使わせる気か、冗談じゃない」と怒るでしょう。

子メーターの交換を請け負っている業者に尋ねたところ「スマートメーターは高価なので、子メーターは機械式（アナログ）メーターにするお客さん（オーナー）がほとんどです。機械式メーターをメーカーに発注して（在庫不足で）入ってこないということはありません。もし将来スマートメーターの価格が下がって、メーカーが機械式メーターを作らなくなれば、子メーターもスマートメーターになっていく可能性はあります」と教えてくれました。

当面、アナログメーターの在庫がなくなることはなさそうです。電力会社は、ウソをついてまで需要家にスマートメーターを強制しようとしているのです。

スマートメーターを拒否するには

自宅に今ついているアナログメーターがスマートメーターに交換されることを拒否したいとき、または、交換されてしまったスマートメーターをアナログメーターへ再交換させたいとき、どうすれば良いでしょうか。既に述べた通り現在のところは、電力会社側へ要求したときに拒否されるケースから認められるケースまで、まちまちです。電力会社側の態度が強硬な場合、どうすれば要求を通せるかについては、残念ながら「こうすれば必ずできる」という方法はありませんが、正確な知識と根気、工夫が必要で、仲間の協力などが有効です。

電力会社側は「アナログメーターは製造していないので在庫がない」としばしばウソを言います。本書を参考にして、アナログメーターの在庫があることをあらかじめ調べておき、反論できるようにしておくと良いでしょう。「メーター交換は義務だ」と言われたら、有効期間終了前の交換は義務だが、スマートメーターへ交換すべき法的義務はないと反論しましょう。営業所の担当者と話してうまくいかないなら、本社と直接話すなど、窓口を変えてみる方法もあります。自分や家族（特に子ども）が電磁波過敏症や化学物質過敏症、アレルギー疾患を持っているときには、そのことを電力会社側へ伝え、スマートメーターからの電波による自分や家族への健康影響が心配であることを強く訴えましょう。アレルギー患者はそうでない人に比べて化学物質過敏症を発症しやすく、化学物質過敏症を発症している人は電磁波過敏症を併発しやすいと言われています。また、電力会社側との通話や会話は録音しておきましょう。

同じ問題を抱える仲間と連携したり、理解のある市民団体、消費者団体、議員などの協力があると心強いでしょう。電力会社側の担当者の氏名とやりとりの中身を、地元の消費者センターに報告して相談してみるのも良いかもしれません。

スマートメーターの問題点を知り、それを拒否したいと考える市民は増えていくでしょう。私たち一人一人が当然の権利を主張していくことが、世の中を動かすことにつながっていきます。

第四章　海外のスマートメーター

海外で多くの国がスマートグリッド、スマートメーターの導入を進めています。日本のようにすべての需要家に対して導入を目指している国もあれば、需要家に選択の権利を認めている国もあります。すべての需要家への導入を進めようとしている国では、需要家からの反発も起こっています。

米国――スマートメーター撤去希望相次ぐ

二〇〇三年八月に発生し約五〇〇〇万人が影響を受けたとされる北米北東部大停電など、数々のトラブルを経験している米国では、送電インフラの整備の遅れが指摘され、スマートグリッドへの関心が高まりました。連邦政府は二〇〇九年アメリカ再生・再投資法に基づいて、スマートメーターを含むスマートグリッドの実証実験・開発などに対して四五億ドルを支援するなど、スマートメーター導入を後押ししています。(1)

ところが「日経テクノロジーオンライン」は、米国の各地でスマートメーター導入に「待った」がかかっていると報じました。(2)

記事によると、米国では二〇一三年七月時点で、全米の電力契約者の約三二％に当たる四六〇〇万台以上のスマートメーターが設置済みです。具体的なメーターの導入政策や制度は州レベルで規定されています。メリーランド州では、二万件以上のスマートメーター撤去要望が電力会社に来ています。また、イリノイ州、カリフォルニア州、ネバタ州、オレゴン州でも問題化しています。消費者は、電磁波による健康被害、プライバシーの侵害、データの正確性、火災の可能性などを反対の理由に挙げています。ネバタ州では、スマートメーターが発火して火災になったという報告が九件あります。

あるメーカーは、スマートメーターの撤去を希望する顧客に対して、メーターを交換せずに「アナログモード」にスイッチできる機能を備えたスマートメーターを発売したと、この記事は紹介しています。

カリフォルニア州では、スマートメーターを取り付けた後に、約一五〇〇人もの顧客が、電気代が従来の何倍にもなったと苦情を申し立てました(3)。請求額が八〇ドルから三二九ドルに跳ね上がった例もありました。電力会社は一件について取付ミスを認めましたが、苦情の大部分について「メーターは正常に機能しています。従来の暑い季節に見られる料金上昇と同じですが、スマートメーター設置も理由の一つである料金値上げについて説明不足でした」と釈明しています。

（1）三菱総合研究所「国内外におけるスマートメータの導入状況」二〇一一年二月一七日。

（2）Junko Movellan「相次ぐスマートメーター設置拒否　米電力会社の憂鬱」日経テクノロジーオンライン、二〇一四年一〇月二八日。http://www.nikkei.com/article/DGXMZO78472460W4A011C1000000/
（3）CBSニュース、二〇一〇年二月二二日　https://www.youtube.com/watch?v=qxzDCdcy-yE

カリフォルニア州――健康影響懸念からアナログメーター選択可能に

カリフォルニア州は、全米の中でもスマートメーター導入をいち早く進めた州の一つであり、二〇一二年六月にほぼすべての顧客に対してスマートメーターの設置が完了し、電力メーターは約一一〇〇万台、ガスメーターは約五二〇万台が設置されました(1)。

このカリフォルニア州で、スマートメーターからの電波による健康被害を懸念する市民がスマートメーター反対運動を展開しました。その結果、二〇一一年九月、カリフォルニア州公益事業委員会（CPUC）は、同州大手電力各社に対して通達を出し、家庭部門でのスマートメーター導入に際し、需要家が拒否する場合はその意向を遵守し、アナログメーターでの計量を続けるよう指示しました(2)。併せて、需要家がスマートメーターの導入の拒否または遅延を求める場合の手続を電力各社が定めて公開すること、スマートメーター設置工事の際には需要家に十分前もって通知すること、スマートメーター設置について拒否や延期を届け出た需要家をリスト化しておくことも指示しました。

アナログメーターへ戻す場合は、初期費用として七五ドル、毎月一〇ドルを追加して支払うこととされました（低所得者は、それぞれ一〇ドル、五ドルに割引）。追加の料金がかかることは問題ですが、一律に強制しようとする日本よりは、まだマシな対応です。

メリーランド州、フロリダ州、イリノイ州、メーン州でも、アナログメーターの場合は追加料金や手数料をとるとのことです。(3)

（1）菊池珠夫「カリフォルニアが蓄電に舵を切る」日経ビジネスオンライン、二〇一三年八月一九日。
（2）三菱総合研究所「スマートメーターの導入・活用に関する各国の最新動向」二〇一三年一一月。
（3）Junko Movellan「相次ぐスマートメーター設置拒否　米電力会社の憂鬱」日経テクノロジーオンライン、二〇一四年一〇月二八日。

欧州

欧州のメーターは屋内に設置するのが一般的です。屋外からは検針できないこともあって、一年に一〜二回の検針が一般的でした。メーターが屋内にあることや、検針間隔が長いことから、需要家が細工などをして電気の使用量をごまかす「盗電」が比較的簡単にできてしまうことが問題になっていました。

そこで、盗電の防止をはじめ、年に一～二回の検針よりも詳細な検針情報を需要家に提供することによる省エネ意識の喚起などを目的に、欧州連合（ＥＵ）はスマートメーターの導入方針を掲げました。

ＥＵは二〇〇九年七月の「第三次ＥＵ電力自由化指令」で、加盟国が電力計をスマートメーターに置き換えた場合の費用便益評価を二〇一二年九月までに行い、評価の結果が肯定的だった場合は、二〇二〇年までに需要家の少なくとも八〇％へスマートメーターを導入すべきとしました。同指令はガスメーターのスマートメーターについても、具体的な目標は掲げませんでしたが、合理的な期間内に導入すべきとしました。

この第三次ＥＵ指令に対して、加盟国の足並みは必ずしもそろっていません。ＥＵの政策執行機関である欧州委員会が二〇一四年六月に出したレポート(1)によると、一六加盟国（オーストリア、デンマーク、エストニア、フィンランド、フランス、ギリシャ、アイルランド、イタリア、ルクセンブルグ、マルタ、オランダ、ポーランド、ルーマニア、スペイン、スウェーデン、英国）は二〇二〇年までにスマートメーターを大規模に導入するか、またはすでに導入済みである一方、七加盟国（ベルギー、チェコ、ドイツ、ラトビア、リトアニア、ポルトガル、スロバキア）は費用便益評価について否定的か、または決定的でないという結論を出しました（ただし、ドイツ、ラトビア、スロバキアは、特定の顧客グループについてはスマートメーターが経済的だと判定）。

また、四加盟国（ブルガリア、キプロス、ハンガリー、スロベニア）は、いまだに結論を出していませんでした。

同レポートによると、ガスのスマートメーターにいたっては、二〇二〇年まで、またはそれ以前にスマートメーターを導入すると決めたのは、わずか五加盟国（アイルランド、イタリア、ルクセンブルグ、オランダ、英国）に留まりました。一二加盟国（ベルギー、チェコ、デンマーク、フィンランド、ドイツ、ギリシャ、ラトビア、ポルトガル、ルーマニア、スロバキア、スペイン、スウェーデン）は、費用便益評価で否定的な結論を出しました。二加盟国（フランス、オーストリア）はガスのスマートメーター導入について前向きな計画はあるものの公式には未決定で、二加盟国（キプロス、マルタ）は費用便益評価をまだ終えていませんでした。

ちなみに、欧州ではメーターが屋内にあること、また、電波を通しにくい石造りの家が多いことから、スマートメーターと電力会社との間の通信方法は無線ではなくＰＬＣ（電力線を利用する通信）が主流です。

（1）European Commission. Benchmarking smart metering deployment in the EU-27 with a focus on electricity　http://eur-lex.europa.eu/legal-content/EN/TXT/PDF/?uri=COM:2014:356:FIN&from=EN.

フランス――自治体や住民団体などが反対

フランス政府は二〇一一年にすべての需要家へのスマートメーター設置方針を発表、二〇一六年までに九五％をスマートメーターにするとしています[1]。

この方針に、フランス全国で複数の自治体や住民団体、消費者団体などが反対していると報じられています[2]。

報道によると、遠隔検針により電気料金が高くなることや、プライバシーの問題、電磁波による健康影響の懸念が、反対理由です。二〇一六年一月に成立した新しい法律に基づき、フランスの保育園でＷｉ－Ｆｉ使用が禁止され、フランス食品環境労働衛生安全庁が同年末までに電磁波過敏症についての報告書を政府に提出することになっているなど、フランスは電磁波問題への関心が高い国です。電磁波問題に取り組むいくつかの団体は、スマートメーターの拒否を法律が明示的に禁じていないとして、市民に拒否を呼びかけています。これに対してフランス国立消費研究所は、同所が発行する雑誌『六千万人の消費者』誌面で「原則としてスマートメーター設置を止めることはできません。しかし今は、ＥＲＤＦ（フランス電力の子会社である配電業者）がスマートメーターを拒否するユーザーの家に押し入ってそれを押し付けることはありません」と述べているとのことです。

フランスのスマートメーターと電力会社との間の通信は無線ではなく、すべてＰＬＣです。第二章で述べた通り、高周波電磁波（電波）は出ませんが、低周波電磁波は漏洩します。

（1）三菱総合研究所「スマートメーターの導入・活用に関する各国の最新動向」二〇一三年一一月。
（2）French consumers, town halls resist ERDF smart meters. telecompaper. 二〇一六年二月一五日。http://www.telecompaper.com/news/french-consumers-town-halls-resist-erdf-smart-meters--1128160

イギリス――経営者団体がスマートメーター計画廃止などを提言

イギリスでは二〇〇八年、エネルギー・気候変動省がすべての需要家にスマートメーターを設置する方針を打ち出し、二〇二〇年までに設置を完了させるとしています。

ところが、総選挙を前にした二〇一五年三月二七日、「英国経営者協会（ＩｏＤ）」が、電気及びガスのスマートメーター計画を「停止、変更、または廃止」するよう、新政権に求める報告書を公表しました。[1] 英国経営者協会は、経営者が個人の資格で参加する経営者団体です。英国内で約五万人、海外も加えると七万人以上の会員を有し、各種政策に関する調査研究や、経営者の啓蒙活動を行っています。[2] 英国でもっとも大きな影響力を持ち尊敬されているビジネス経済分野の政策諮問機関の一つです。[3] 日本の経済同友会の「国際協力団体」でもあります。

報告書及びプレスリリース[4]によると、IoDが指摘している、スマートメーターの主な問題点は以下の通りです。

(1) スマートメーター計画は消費者が望んでおらず、信頼性がなく、気が遠くなるほど高価。

(2) エネルギーへの意識を高めて消費量を減らすスマートメーターの「見かけの」目的は素晴らしいが、その目的を達成できる信用できる証拠がない。

(3) EU指令にもかかわらず、加盟二七カ国中一一カ国で電気のスマートメーターをやめ、ガスメーターについては五カ国しか取り組んでいない。その一方で、英国はEU指令を金科玉条にしている（前述「欧州」の項参照）。

(4) エネルギー・気候変動省が行った費用便益評価は、ほとんど読めないほどひどく編集されている。

(5) スマートメーターネットワークはサイバー攻撃の被害を受けやすい。不正アクセスによって家の住人がいつ在宅していつ外出しているかが明らかになるだけでなく、技術に詳しい消費者が消費量を偽ることができるだろう。不機嫌な供給会社従業員などによる攻撃で一〇〇万ものメーターで給電が切られ、全国的な送電網が莫大なダメージを被るだろう。

(6) 英国のｅＢｏｒｄｅｒｓ（電子国境管理システム）やＢＢＣのデジタルメディアイニシアティブといった、過去のＩＴシステムも失敗している。ＩｏＤメンバーの八〇％が、ＩＴプロジェクトを管理する英国政府の能力を「程度が低いか、非常に程度が低い」と評価している。

報告書は、「このように目標が非現実的でコストが大きく、利益が不確実なプロジェクトは、電気代値上げに見合わない」として、以下のことなどを要求しています。

(1) ガスのスマートメーターの導入停止。
(2) 家庭のエネルギー使用量を表示する専用ディスプレイの設置義務を廃止し、電話、タブレット、パソコンに接続。
(3) 消費量が特に大きい家庭のみにスマートメーターを設置。
(4) 高層ビルにスマートメーター設置しない。

(5) スマートメーターへの助成金の廃止。

ＩｏＤは経営者で作る団体ですが、経営者の立場だけではなく、消費者の立場も視野に入れてスマートメーターを評価しています。他方、日本の産業界は、スマートメーター、スマートグリッドはビジネスチャンスであると飛びついているだけです。

英国では、市民の側からもスマートメーター反対の声が挙げられています。「ストップ・スマート・メーターズ！　ＵＫ」は、ハッキング、健康影響、プライバシーの問題などから、スマートメーターを拒否する権利を行使するよう、市民に呼びかけています。同グループは、エドワード・デイヴィ・エネルギー・気候変動省大臣から同グループへの回答文をウェブサイトに掲載しています[5]。そこには「私たちはスマートメーターが大きな利益を消費者にもたらすだろうと信じています。しかし、人々にそれを持つ法律上の義務はないでしょう」と書かれています。

（１）IoD. Not too clever: will Smart Meters be the next Government IT disaster?
（２）経済同友会「欧州調査報告　欧州における『企業の社会的責任（ＣＳＲ）』」。http://www.doyukai.or.jp/whitepaper/articles/pdf/no15/030326_10.pdf
（３）日本能率協会　http://school.jma.or.jp/top/cdp.html

（4）IoD. Smart Meters: a government IT disaster waiting to happen. http://www.iod.com/influencing/press-office/press-releases/smart-meters-a-government-it-disaster-waiting-to-happen
（5）http://stopsmartmeters.org.uk/a-reminder-your-rights-in-relation-to-smart-meters/

オランダ――プライバシーなどを懸念、選択制に

オランダでは、政府がスマートメーターをすべての消費者に義務化することを検討していましたが、プライバシーとセキュリティーの問題から消費者の反発にあい、選択制になりました。[1]

オランダ消費者協会と、プライバシー監視団体は、政府のスマートメーター義務化方針は欧州人権条約の違反につながるとして反対運動を展開。オランダ議会上院は二〇〇九年四月、スマートメーターの導入義務化法案を否決しました。

その後、二〇一〇年に、オランダ議会はスマートメーターの自主的導入に対する法的な枠組みを規定しました。これにより、消費者は以下の四つの選択肢から選べるようになりました。

(1)　スマートメーターのすべての自動検針機能を利用する。
(2)　自動検針機能の中の重要な、引っ越しや電気小売業者を変更する際の最終請求、年

次請求、隔月のエネルギーアドバイスに限定したスマートメーターの自動検針機能だけを利用する。

(3) スマートメーターを設置するが、その機能である自動検針機能を拒否する。

(4) スマートメーターの設置を拒否し、従来のメーターを利用する。

スマートメーターの機能を利用したい消費者は利用できるし、スマートメーターを拒否したい消費者は拒否できるわけです。消費者の選択権を認めるオランダの対応は、極めて健全だと言えると思います。

(1) 三菱総合研究所「スマートメーターの導入・活用に関する各国の最新動向」二〇一三年一一月。

ドイツ——スマートメーターの費用対効果に否定的評価

前述の通り、EUは「第三次EU電力自由化指令」で、加盟国が電力計をスマートメーターに置き換えた場合の費用対便益の評価を行い、評価の結果が肯定的だった場合は、二〇二〇年までに需要家の少なくとも八〇%へスマートメーターを導入することを義務づけました。

このため、ドイツ政府は費用便益評価を実施し、年間電力使用量が大きい需要家は便益が大きいものの、使用量が小さい需要家は便益が小さいと評価しました。これに基づいて、二〇一五年一一月に閣議決定されたエネルギー転換デジタル化法案は、年間電力消費量六〇〇〇kWh超の需要家にスマートメーター設置を義務づける一方、六〇〇〇kWh以下の需要家については、配電事業者がスマートメーターを導入するかどうかを決める選択制となりました[1]。ドイツの家庭で六〇〇〇kWh超の需要家は、家庭用全体の約五パーセントを占めるだけなので、大部分の家庭にはスマートメーターが設置されない可能性が大きくなりました。

（1）一般社団法人海外電力調査会「スマートメーター設置に関するエネルギー転換デジタル化法案、閣議で了承」『海外電力』二〇一六年二月。

スウェーデン——電波が不安な需要家に強制せず

スウェーデン政府は二〇〇三年に、すべての電力需要家について二〇〇九年以降は月一度の検針を行うよう、欧州で初めて配電業者に義務付けました[1]。それまでは一年に一度の検針でした。スウェーデンは寒冷な気候で、また、電気料金が安かったことから、一人当たりの電力消費量が一万五〇〇〇kWhでＯＥＣＤ（経済協力開発機構）諸国平均の二倍もあり、正確な消費情報の把握が必要とされました。スマートメーター設置は義務付けられませんでしたが、スウェーデンは人口密度が低く、一月に一度、人手で検針するのは非現実的だとして、効率性の観点から電気事業者がスマートメーター導入を決定しました。

二〇〇九年までにスマートメーターがほぼ一〇〇％の家庭などに設置されました。一方で、電磁波に関して不快感を示すなど、設置を拒む需要家がいる場合はスマートメーターを設置していません。その場合は、顧客が毎月、自分でインターネットを通じて申告しています。

スウェーデンの大手電力会社バッテンフォールのスマートメーターの七〇％はＰＬＣで通信し、他は電波で通信しています。

（1）三菱総合研究所「海外のスマートメーター及び柔軟料金に関する動向」二〇一二年三月一二日。

オーストラリア――一州を除き大規模導入の計画なし

オーストラリアでは、ビクトリア州（州都・メルボルン）のみがスマートメーターを大規模に導入しました。その結果、同州住民から健康影響を訴える声が出ました（第二章参照）。

オーストラリアのネット放送局のニュース番組が、スマートメーター反対運動を取り上げました。[1] 監視国家化の心配を感じさせるスマートメーターのために余計な料金を払いたくないという元看護師の女性の声や、近隣にスマートメーターが設置されて以来さまざまな症状に悩まされている男性の声などを紹介しています。

ビクトリア州の北隣のニューサウスウェールズ州（州都・シドニー）のクリス・ハーチャー・エネルギー大臣は、スマートメーターの義務化について「絶対にしません。我が州は、ビクトリア州でうまくいかなかったことを教訓にします。ビクトリアでは全戸で設置しすべての人に費用負担させたが、すべての人が便益を得たわけではなかった。ニューサウスウェールズでは設置したい家にだけ設置します。どんなことがあっても絶対にです」と同番組内で強調しています。

オーストラリアでは、ビクトリア州を除くすべての州で、スマートメーターを大規模に導入するプランは予定されていません。[2]

（1）ninemsn. A Current Affair　二〇一三年一月二四日　https://www.youtube.com/watch?v=tjv2hqB tez8
（2）三菱総合研究所「スマートメーターの導入・活用に関する各国の最新動向」二〇一三年一一月。

第五章　電力自由化とスマートメーター

プライバシーの問題、電波の健康影響など、海外では導入にあたって大いに議論を巻き起こしてきたスマートメーターは、日本では一般には話題になることさえほとんどないまま導入が始まりました。日本でもスマートメーターがようやく新聞などで取り上げられるようになったのは、電力小売全面自由化に際してでした。

電力小売全面自由化とは

これまで家庭や小規模な事業所が使う電気は、東京電力、関西電力など、各地域の電力会社だけが販売しており、電気をどの会社から買うかを選ぶことはできませんでした。二〇一六年四月一日以降は、電気の小売業への参入が全面自由化されることになり、家庭や小規模な事業所なども含むすべての需要家（消費者）が、新電力小売会社からも電気を買えるようになり、料金メニューも選べるようになりました。なお、本書では、これまで地域ごとに販売を独占していた会社を「電力会社」、新電力小売会社を「新電力」と呼ぶことにします。

電力の小売自由化は、工場などの大口消費者については、既に実現しています。まず二〇〇〇年三月に、「特別高圧」（七〇〇〇V超）の大規模工場やデパート、オフィスビルで、新電力からも電気を買えるようになりました。その後、小売自由化の対象が「高圧」（交流の場合六〇〇V超七〇〇〇V以下）へ徐々に広がり、二〇一六年四月、低圧（同六〇〇V以下）も自由化されたことで、「全面」自由化と呼ばれています。

送配電は独占のまま

電力の供給システムは、発電、送配電、小売の三つの部門に分類できます。

発電は、発電所で電気を作る部門です。

送配電は、発電所から消費者までつながる送電線・配電線などの送配電ネットワークを管理する部門です。ネットワーク全体で供給と需要のバランスを調整し、電気の安定供給を守る役目もあります。

小売は、各家庭などの需要家と契約し、需要家が必要とする電力を発電部門から調達して、需要家へ販売する部門です。

小売部門に先立ち、発電部門も既に自由化されています。新電力は、自前の発電所で作った電気や他の会社から買った電気を需要家へ売ります（自前の発電所を持たない新電力も多いのです）。

送配電部門だけは、電力小売全面自由化後も引き続き、地域ごとの電力会社のみが担当し、国が規制します。その理由は、小売会社がそれぞれ自前の送配電施設を作るとコストがかかり過ぎること、また、規模が大きい一社がネットワーク全体を一括管理したほうが電気の安定供給のためには良いという考え方からです。

新電力各社は、電力会社に「託送料金」という、送配電をしてもらうための料金を支払います。電力会社の発電所で作られた電気も、その他の発電所で作られた電気も、一緒に混ざって送電されます。家庭などで電気を受けとった時は、その電気がどの会社のどこの発電所で作られた電気なのかは、たとえ「高機能」なスマートメーターを設置していても分かりません。このことは、池やプールなどに喩えられます（図5―1）。

発送電分離

電力会社は送配電を自分一社が独占しているのですから、託送料金を高く設定して競争相手である新電力の価格競争力を削ぎ、自社を利することも可能です。そのようにはさせず、電力会社と新電力各社に対して中立な送配電を行わせるために、電力会社の発電・小売部門と、送配電部門とを分離することが求められます。これを「発送電分離」と言います。

国は二〇〇三年から、同じ電力会社の中で送配電部門の会計を分離する「会計分離」を行

図5―1　電力自由化後の電気供給のイメージ

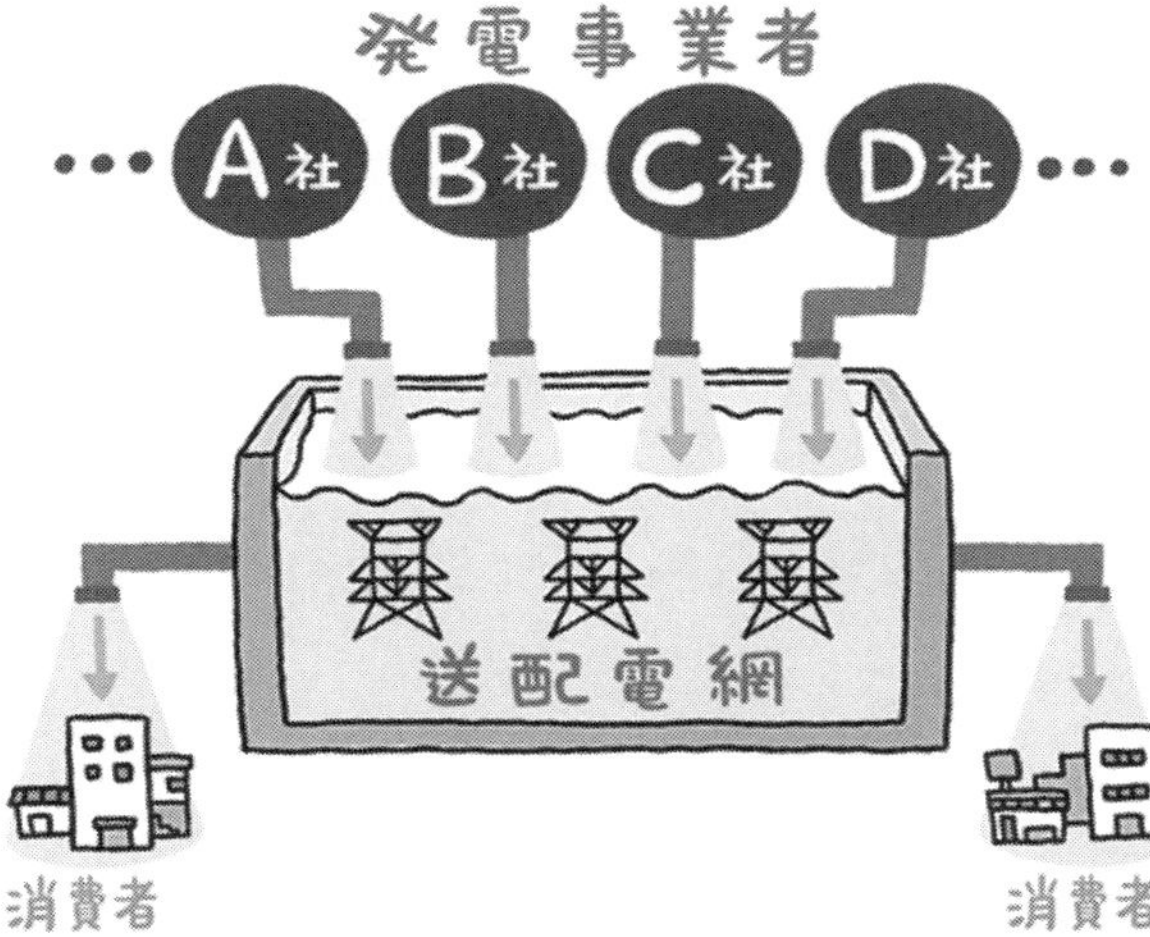

政府広報オンライン「いよいよ電気小売の『全面自由化』へ」。http://www.gov-online.go.jp/useful/article/201602/4.html

わせてきましたが、中立性が不十分との指摘が絶えませんでした。そこで資源エネルギー庁は、「電力システム改革専門委員会」を設けて審議させ、その結果、各電力会社に「法的分離」を行わせることにしました。法的分離とは、電力会社ごとに、発電・小売部門を親会社にして送配電部門を子会社にするか、または、持株会社を作って各部門をそれぞれ子会社にする方法です。この方法では、グループ各社間に資本関係が存在するので、なお中立性が不十分となる恐れがあります。そのため、発電・小売会社と資本関係がない送配電会社にする「所有権分離」にすべきとの批判が当然出てきます。しかし、同委員会は所有権分離について「改革の効果を見極め、それが不十分な場合の将来的検討課題とする」[1]としました。

二〇一五年六月に成立した改正電気事業法により、各電力会社は二〇二〇年四月までに発送電分離を行うこととされました。東京電力は二〇一六年四月、全国の電力会社に先駆けて法的分離を行い、持ち株会社「東京電力ホールディングス株式会社」（水力・原子力発電、原発事故賠償・廃炉など担当）の下に、火力発電子会社、送配電子会社、小売子会社を設立しました。

電力会社の送配電部門、または送配電子会社は、小売全面自由化後は「一般送配電事業者」と位置づけられています。

（1）資源エネルギー庁「電力システム改革専門委員会報告書」二〇一三年二月。

新電力契約後も電力会社が検針

電力小売業者の変更（スイッチング）の際は「スマートメーターの設置が必要になる」とアナウンスされています。資源エネルギー庁のウェブサイトの「電力会社を切り替えるには？」のページには「スマートメーターが設置されていないご家庭は、スマートメーターへの交換が必要になります[1]」と書かれており、新聞などもそう報じています（アナログメーターのままでも新電力との契約は可能ですが、契約後の早い時期に電力会社がスマートメーターに交換することとされています）。しかし、なぜ「必要になる」のか、理由が説明されることは、ほとんどありません。役人は理由を説明せず、理由が説明されない状況に新聞記者たちは違和感を持たないらしいのです。海外の報道と比べて、日本のマスメディアは実に頼りになりません。

理由が説明されないこともあって、珍説も出てきます。たとえば、以下のような。

「なぜスマートメーターに変更していないと新電力会社と契約ができないのでしょうか。考えてみてください。これから先、電力自由化が進むと、日本中に多くの新電力会社がうまれることになります。全ての会社が大企業とは限りません。日本中の契約者の家を一軒一軒、検針員が訪問することができるでしょうか。難しそうだということは容易に想像がつくと思います。ですから、スマートメーターは新電力会社と契約する際には必須のアイテムとなるのです[2]」。

「『電力会社の乗り換え（スイッチング）』にあたってはスマートメーターが必須になります。新電力会社は、日本全国に検針員がいるわけではないので、遠隔で料金を確認するためにはスマートメーターが必要だからです[3]」。

新電力との契約後も、送配電を行うのは一般送配電事業者（電力会社の送配電部門または送配電子会社）です。なので、検針を行うのも、新電力ではなく、東京電力の子会社、関西電力などの一般送配電事業者です。このことを知っていれば、右の説明がいずれも間違いであることがすぐに分かります。

（1）資源エネルギー庁「電力会社を切り替えるには？」 http://www.enecho.meti.go.jp/category/electricity_and_gas/electric/electricity_liberalization/step/

（2）一般社団法人日本住宅工事管理協会「スマートメーターはなぜ電力自由化に欠かせないのか」二〇一六年三月六日。http://nichijuko.co/beginner_column57/

（3）エネチェンジ株式会社「電力自由化に欠かせないスマートメーター。近づく各家庭への配備」二〇一六年二月二四日更新。https://enechange.jp/articles/liberalization_smartmeter-3

スイッチングにスマートメーターが「必要」な理由

資源エネルギー庁に尋ねると、小売業者の変更（スイッチング）の際に「スマートメーターの設置が必要になる」理由は二つありました。一つは「インバランス料金の精算」、もう一つは「同時同量支援データの提供」です。

図5―2　30分間同時同量のイメージ

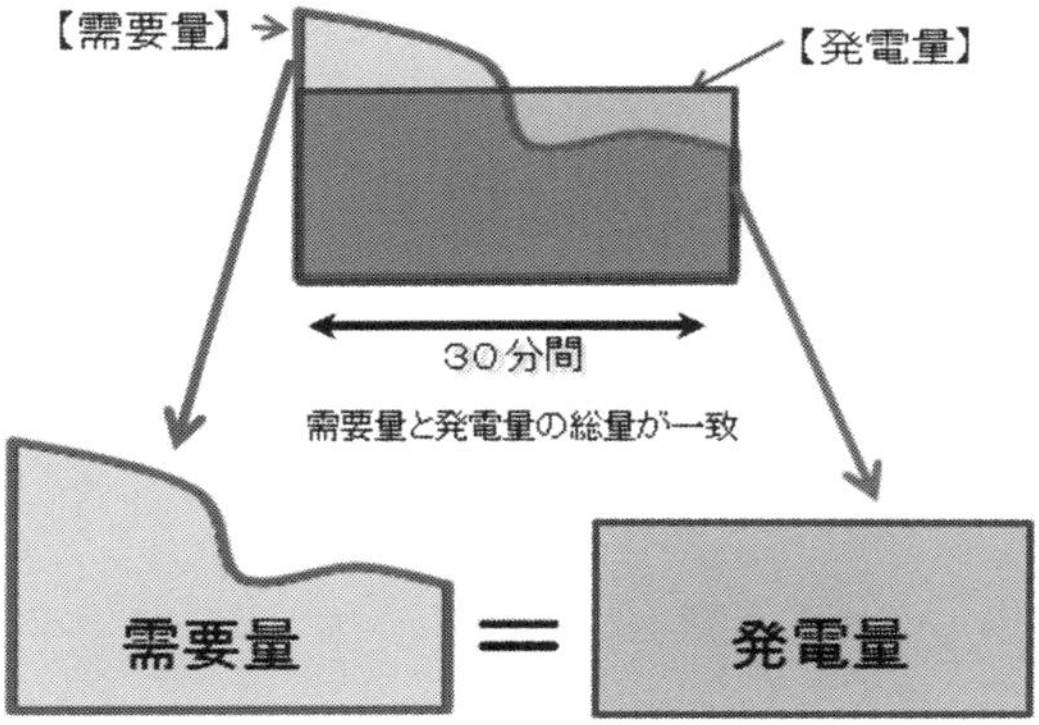

資源エネルギー庁「第2回電力システム改革専門委員会事務局提出資料」2012年3月6日

電気というものは、一般的な商品とは違い、貯めておくことが難しく、また、重要なライフラインなので「売り切れました。停電します」というわけにもいきません。時々刻々と変動する需要量に合わせ、供給量をピッタリ一致し続ける「同時同量」を行う必要があります。電力会社が独占的に供給していた時代は、各家庭などで電力をどれくらい使われているかを把握しなくても、電気の周波数の変動が一定の範囲内に収まるよう供給量を調整することによって、需要と供給を一致させることができました（電気の需要と供給のバランスが崩れると、周波数が変動します）。

電力自由化により、新電力が参入した後は、新電力各社がそれぞれ自分たちの顧客との間で同時同量を行うことが原則になります。ただ、電力会社と比較して扱う電気量が少ない新電力にとっては瞬間瞬間で一致させるのは困難であるため、三〇分間ごとの総量を一致させれば良いことになっています（図5―2）。また、原則として実際に使用される時間の一時間前までに提出する需要の計画値と実際の需要とを一致させます（これを「計画値同時同量」と言います）。同時同量が達成できなかった場合の電気の過不足分のことを「インバランス」と言います。

新電力は計画値に応じた調達を行いますが、実際の需要が計画値を上回り供給が不足するインバランスが発生した時には、一般送配電事業者（電力会社）が発電会社から電気を買って不足分の電力を補います。逆に実際の需要が下回った場合は、一般送配電事業者が余剰分を引き取ります。過不足分について新電力と電力会社の間で精算する電気料を「インバランス料金」と言います。

インバランス料金は、電力小売全面自由化に伴い、従来の固定価格から、市場連動価格になりました。料金単価が三〇分ごとに変わるため、三〇分ごとにインバランス料金を精算する必要があることから、消費者の三〇分ごとの電気使用量を把握する必要があり、スマートメーターが必要になるという理屈です。

なお、全面自由化前は、供給不足量が三％を超えると罰金の意味も込めた割高のインバランス料金が課せられましたが、全面自由化にともない、この三％ルールは廃止されました。

ロード・プロファイリング

海外へ目を向けると、スマートメーターを導入する以前から電力自由化をしている国や、スマートメーターの全戸設置を目指さずに電力自由化を行っている国は、たくさんあります。そのような国では、サンプルデータを用いて消費者グループの消費パターンを推計する「ロード・プロファイリング」という方法を採用しています（表5―1）。「この手法を用いることによって、需要予測の透明性・中立性・精度の向上を図るとともに（略）通常の（アナログ）メーターのままで推計された需要をもとにインバランス決済を行うことが可能となる」[1]と、資源エネルギー庁が作成した資料の中で説明されています。

各電力会社からの給付金で運営されている「電力中央研究所」の服部徹・上席研究員も「海外ではプロファイリングというのを使って、要するにロードカーブを推定して、家庭用のお客さんだったら大体こういう使い方をするというのを当てはめて、インバランスの精算をしたりするのですけれども、実はスマートメーターを全戸設置していなくても、ある程度の数を設置していれば、サンプル数としては十分大きな数になって、それによってかなり精緻なプロファイリングができるというメリットもあります。海外の事例を見ると、そういう

表5－1　諸外国におけるロード・プロファイリングの適用範囲

	時間区分	ロード・プロファイリングの適用範囲（選択制も含む）	
		区分	対象
米国ニューハンプシャー州	1時間	100kW未満	インターバル・メーターを未設置の全ての需要家
米国オハイオ州	15分	100kW未満	インターバル・メーターを未設置の全ての需要家
米国メリーランド州	15分	300～1000kW未満（電力会社毎に相違）	インターバル・メーターを未設置の全ての需要家
米国テキサス州	15分	1000kW以下	インターバル・メーターを未設置の全ての需要家
米国カリフォルニア州	30分	1000kW以下	新規参入者から供給を受ける需要家
米国アリゾナ州	30分	50kW以下	新規参入者から供給を受ける需要家
イギリス	30分	100kW未満	インターバル・メーターを未設置の全ての需要家
ドイツ	1時間	3万kWh/年～10万kWh/年未満（各社異なる）	インターバル・メーターを未設置の全ての需要家
ノルウェー	1時間	40万kWh/年以下	インターバル・メーターを未設置の全ての需要家
フィンランド	1時間	45kW未満	新規参入者から供給を受ける小口需要家
スウェーデン	1時間	135kW未満	インターバル・メーターを未設置の全ての需要家
ニュージーランド	1時間	50万kWh/年以下	インターバル・メーターを未設置の全ての需要家

資源エネルギー庁総合資源エネルギー調査会電気事業分科会第2回系統利用制度ワーキンググループ会合配付資料、2012年11月5日。インターバル・メーターとは、一定時間ごとに電気消費量を積算し、記録するメーター。スマートメーターはインターバル・メーターの一種。

ネットワーク部門の仕事でのメリットが結構あるなと思いますので、そういったメリットも含めて費用対効果の検討は常にアップデートするべきだろうと思います」と述べています。[2]

また、スマートメーターを設置していない家庭が新電力と契約した場合に、月単位の使用量でインバランス料金の精算を行うことが可能であると国は認めています。[3]

インバランス料金の精算は、一般送配電事業者（電力会社）と新電力との間の問題です。ロード・プロファイリングや、月単位の使用量による精算、またはその他の方法も含めて、両者が納得できる合理的な方法を検討すれば良いのであって、スマートメーターを全戸に強制しなければ解決できない問題ではありません。

（1）資源エネルギー庁総合資源エネルギー調査会電気事業分科会第二回系統利用制度ワーキンググループ会合配付資料、二〇〇二年一一月五日。
（2）資源エネルギー庁「第一三回スマートメーター制度検討会議事要旨」二〇一三年一一月。
（3）資源エネルギー庁「契約の変更（スイッチング）手続～前回御指摘事項等について～」二〇一五年一一月一八日。

同時同量支援データ

前述の通り、新電力各社は三〇分間の電気需要計画値を、一時間前までに提出します。その日の予想最高気温などの自然条件、曜日などの社会条件から、過去のデータも活用して分析を行い、できるだけ計画値と実際の差が小さくなるように（インバランス料金が少なくなるように）計画を立てます。しかし、予想できなかった天候の急変などで、需要が想定外の動き方をすることがあります。そのため、スマートメーターからリアルタイムに送られてくる実際の電気使用量である「同時同量支援データ」をもとに、新電力は計画を練り直すことができます。この同時同量支援データの提供が、新電力との契約にスマートメーターが必要だとされる、もう一つの理由です。

同時同量支援データの提供のためにスマートメーターが必要だとしても、一軒一軒の家庭の使用量データすべてを漏れなく集めなければならないでしょうか。全体としての傾向が見えるデータであれば良いわけなので、同時同量支援データの提供が必要だとしても、スマートメーターを拒否したい需要家にスマートメーターを強制すべき理由にはなりません。

先ほど「スマートメーターからリアルタイムに送られてくる」と書きましたが、厳密には少し違います。同時同量支援データが新電力に届くためには、システムの処理能力の制約から、最大六〇分かかります。午後二時から二時半までの電力需要計画値の提出締め切り時刻である午後一時は、正午現在の実際の使用量データが（場合によってはギリギリ）届いているというタイミングです。午後二時からの計画のために使えるデータは、正午以前のものなのです。

太陽光発電施設による発電会社「イージーパワー株式会社」（東京都）社長の竹村英明さんは「三〇分ごとに届く一時間前のデータは、同時同量のためには使い物にならない」と断言します。竹村さんは一年前までは、再生エネルギー導入のためにスマートメーターへの交換を周囲に勧めていました。しかし、電力小売業にも進出するために必要な調査をしていく過程で、現在のスマートメーターは役に立たないと考えるようになったとのことです。「同時同量に役立てるには、リアルタイムのデータでなければなりません。また、家庭の電気利用パターンはだいたい同じなので、すべての家庭のデータを把握する必要はありません。リアルタイムに使用量がわかるメーターを全戸ではなく、全家庭の一割程度に設置できれば十分。そもそも、電力会社が公表していない過去の毎日の電力需要データが公表されれば、それをもとにかなり正確な需要予想が立てられるので、家庭のスマートメーターはまったく不要になるのでは」と指摘しています。

付け加えれば、インバランス料金の精算の項で述べたことと同じですが、スマートメーターを導入する以前から電力自由化をしている国や、スマートメーターの全戸設置を目指さずに電力自由化を行っている国は、たくさんあります。さらに付け加えれば、海外では電気使用量データが電力小売会社へ届くのは翌日が主流[1]とのことです。それでも、同時同量を行うことができているのです。

（1）竹内純子「河野太郎議員の電力批判、『スマートではないメーター』への疑問」NPO法人国際環境経済研究所。http://ieei.or.jp/wp-content/uploads/2014/09/8c8a16c94da9f4e2d831881bded7a0b9.pdf

「スマートメーターを拒否しても契約可能」

以上見た通り、新電力との契約においてスマートメーター設置が必要である理由とされる「インバランス料金の精算」と「同時同量支援データの提供」は、両方とも、全ての需要家にスマートメーターを設置しなくてもできることです。スマートメーターを拒否したい需要家がアナログメーターのままで新電力から電気を買い続けることは、技術的に可能なのです。

新電力小売業者「生活クラブエナジー」を設立した生活クラブ生活協同組合は「スマートメーターに変更しなくても生活クラブエナジーと契約できます。東電に対してスマートメーターを拒否しても、生活クラブエナジーとの契約が解除されることはありません。契約者全員がスマートメーターを拒否すると困りますが、一部の契約者がアナログメーターでも問題ありません。黙っていればスマートメーターにされるので、スマートメーター拒否の意思表示をしなければなりませんが、それは東電との契約を続ける場合でも同じことです」と説明しています。ただし、生活クラブエナジーの電気は、生活クラブ生協の組合員でないと買うことができません。

これまで、生活クラブエナジー以外で、スマートメーターに変えなくても良いと明言した新電力を、筆者は把握していません。ある新電力会社がアナログメーターのままでOKだった事例があったことから、同じ新電力会社へ別の方が問い合わせたらスマートメーターに替えると言われた、という話はあります。また、新電力契約後にスマートメーターが設置され、アナログメーターとの交換を求めて拒否されたものの、スマートメーターの通信機能の部品をはずさせることができたという報告もあります。小売全面自由化が始まったばかりで、まだ各社のスタンスが固まっていないのかもしれません。

アナログメーターのままで新電力と契約することに技術的な障害はないということをしっかりと踏まえたうえで、多くの方々が新電力および電力会社と交渉し、要求していく中で、新しい道が切り開かれていくのだと筆者は信じています。

おわりに　アナログメーターを選ぶ権利を

なぜスマートメーターを全戸に設置しようとしているのか。経済産業省資源エネルギー庁の担当者は、閣議決定されたエネルギー基本計画を根拠に挙げます。なぜアナログメーターのままにしてほしいという声を認めないのか。同庁担当者は「認めるとか認めないとかではなく、二〇二〇年代早期までに全事業所、全家庭にスマートメーターを設置するという目標を政府が掲げていて、それを踏まえて各電力会社が対応しているところです」と、とりつく島もありません。「国民は黙って国に従えばいいのだ」と言わんばかりです。

「望まない需要家への対応は、必要に応じて今後検討」

スマートメーターの設置を拒否する需要家が出てくるだろうことは、政府も当然予測していたはずです。

オランダでスマートメーターの全戸設置を義務づけた法案が否決されたり、米カリフォルニア州で健康被害を懸念する声に応じてアナログメーターを選択できるようにしたことを本書で紹介しました。

これらは、資源エネルギー庁が設置していた「スマートメーター制度研究会」で配布された資料が情報源です。同庁はこれらの事実を当然知っています。

同検討会の第一二回会合（二〇一三年九月一一日）では、委員の服部徹・電力中央研究所上席研究員が「私はスマートメーターは要らないとか、設置を希望しないというお客さんがもしいたらどうするのかということも考えておく必要があるのかなと。というのは、海外でそういった事例があるからで、私は、そういうのを認めていいとかいけないということについてちゃんとした意見は持っていませんけども、海外でそういうことが実際起きているということに照らして、日本でももしそういうことがあったらどうするかということを考えておく必要があるかなと思っています」と指摘しました。

これを受けて、資源エネルギー庁電力・ガス事業部がまとめた「スマートメーターの導入促進に伴う課題と対応」（二〇一四年三月一七日）には、「導入を望まない需要家への対応については、海外事例も踏まえつつ、必要に応じて今後検討」との文言が盛り込まれました。

異常な現状から、当然の権利へ

現在、実際に行われている「導入を望まない需要家への対応」は、「政府の方針を壊れたレコードのように繰り返し述べる」というものですが、この「対応」は経産省内で「検討」された結果なのでしょうか。資源エネルギー庁電力市場整備室の担当者に尋ねたら「スマートメーター導入を望まない需要家への対応は検討していない」と答えました（二〇一六年六月現在）。検討していない理由を尋ねたところ「検討する必要があるという状況になっていない。一方で、検討の必要がないという決定もしていない」との答えでした。これまで市民から「強制すべきでない」と何度も申し入れているにもかかわらず、です。

電力会社のやり方も、本書で紹介した通り、かなり問題です。メーターを有効期間終了前に交換することは法的義務ですが、そのことを絡めて、あたかもスマートメーターへの交換が義務であるかのように需要家をだますような説明をしたり、また「アナログメーターは製造停止」「アナログメーターの在庫はありません」というウソを告げた例が数多く報告されています。需要家によって説明がウソだと指摘されると、「在庫があってもなくても、国の方針なのでアナログメーターには交換しません」と開き直る例もあります（特に関西電力で目立ちます）。市民が「アナログメーターのままにしてください」と電力会社側へお願いしたところ、言葉尻をとらえられて計量法に基づくメーター交換を拒否したと曲解されたのか、「それなら電気を止めますよ」と脅されたという話まで、電磁波問題市民研究会には入ってきています。

国は市民にまともな説明をせず、電力会社はウソの説明や脅迫をしてまでもスマートメーターを押し付けようとしている事態が横行していることは、どう考えても異常です。電力小売完全自由化開始前後に新聞やテレビが取り上げたスマートメーター詐欺と、悪質さではいい勝負です。

スマートメーターを設置させるべき法的義務が需要家にないことは、資源エネルギー庁の担当者も認めています。なるべく市民に疑問を持たれないよう閣議決定だけを根拠にコッソリと設置を進めようとしているわけですが、そうしたやり方の〝筋の悪さ〟を政府や電力会社が自覚しているからこそ、問題に気付いた市民に対して同じ文言を繰り返したり、ウソをついたりすることしかできないのかもしれません。

国は、経済成長戦略の一環として、スマートメーターの全戸設置を打ち出しました。日本がスマートグリッド・スマートメーターを輸出するときに「日本では一〇〇％スマートメーターを実現しています。日本のスマートメーターシステムは高品質で優秀です」とアピールしたいためなのでしょうか。

二酸化炭素排出量削減という「大義」のもと、原発を維持し、外部から家庭内に介入して、自動的にエアコンを止めさせたり、家庭用太陽光発電の出力を抑制させるなどの生活の監視につながることを、国民の「意識改革」によって自発的に受け入れさせることを目指す「国民運動」が展開されつつあります。政府が市民への管理を強めようとする「マイナンバー」に通じるところがあります。国家全体の目的・利益のために、一律に個人の情報が集められ、管理の下に置かれていく方向にあります。

スマートメーターを選ぶのかどうか。スマートメーターを選んだ場合でも、通信を許可するのかどうか、だれにどの範囲の情報を提供するのか、ＨＥＭＳ経由での外部からのコントロールを受け入れるのかどうか、そうした選択肢の中から市民が自分自身で決定する権利を持ちたいというのは、ごく当然の主張です。

[著者略歴]

網代太郎（あじろたろう）

東京都墨田区在住。毎日新聞社記者だった1995年に母親が化学物質過敏症と診断されたことをきっかけに、化学物質過敏症支援団体の立ち上げに参画。自宅から約１ｋｍの場所での新東京タワー（東京スカイツリー）建設計画をきっかけに、電磁波問題に取り組む。

現在、行政書士、法律事務所勤務。電磁波問題市民研究会事務局（会報編集担当）。著書に『新東京タワー―地デジとボクらと、ドキドキ電磁波』（緑風出版）、『携帯電話でガンになる⁉―国際がん研究機関評価の分析』（共著、緑風出版）ほか。

スマートメーターの何《なに》が問題《もんだい》か

2016年8月20日　初版第1刷発行　　定価1600円＋税

著　者　網代太郎 ©
発行者　高須次郎
発行所　緑風出版
〒113-0033　東京都文京区本郷2-17-5　ツイン壱岐坂
［電話］03-3812-9420　［FAX］03-3812-7262［郵便振替］00100-9-30776
［E-mail］info@ryokufu.com［URL］http://www.ryokufu.com/

装　幀　斎藤あかね
制　作　R 企 画　　印　刷　中央精版印刷・巣鴨美術印刷
製　本　中央精版印刷　　用　紙　中央精版印刷・大宝紙業　E1200

ISBN978-4-8461-1614-9　C0036